苏州古典园林艺术

李 慧 卜复鸣 著

苏州大学出版社
Soochow University Press

图书在版编目（CIP）数据

苏州古典园林艺术 / 李慧，卜复鸣著．— 苏州：
苏州大学出版社，2021.6（2024.8重印）
ISBN 978-7-5672-3604-2

Ⅰ．①苏… Ⅱ．①李… ②卜… Ⅲ．①古典园林－园
林艺术－苏州 Ⅳ．① TU986.625.33

中国版本图书馆 CIP 数据核字 (2021) 第 116955 号

书　　名　苏州古典园林艺术
　　　　　Suzhou Gudian Yuanlin Yishu

著　　者　李　慧　卜复鸣
责任编辑　杨　柳
装帧设计　陆思佳
封面设计　刘　俊

出版发行　苏州大学出版社（Soochow University Press）
社　　址　苏州市十梓街 1 号　邮编：215006
印　　刷　广东虎彩云印刷有限公司
网　　址　www.sudapress.com
邮　　箱　sdcbs@suda.edu.cn
邮购热线　0512-67480030
销售热线　0512-67481090

开　　本　700 mm×1 000 mm　1/16
印　　张　15.75
字　　数　215 千
版　　次　2021 年 6 月第 1 版
印　　次　2024 年 8 月第 2 次印刷
书　　号　ISBN 978-7-5672-3604-2
定　　价　55.00 元

凡购本社图书发现印装错误，请与本社联系调换。服务热线：0512-67481090

序言

苏州古典园林是江苏省苏州市境内的中国古典园林的总称，现在通常也称为“苏州园林”，典型代表有拙政园、留园、网师园、环秀山庄。1997 年，联合国教科文组织世界遗产委员会把这四个园林作为典型例证，列入《世界文化遗产名录》。2000 年，沧浪亭、狮子林、艺圃、耦园、退思园又被增补列入《世界文化遗产名录》。

世界遗产委员会对苏州古典园林的评价是：“没有哪些园林比历史名城苏州的园林更能体现出中国古典园林设计的理想品质，咫尺之内再造乾坤。苏州园林被公认是实现这一设计思想的典范。这些建造于 11—19 世纪的园林，以其精雕细琢的设计，折射出中国文化中取法自然而又超越自然的深邃意境。”

苏州素有“园林之城”的美誉，私家园林的建造最早可追溯至公元前 6 世纪。据统计：苏州明代有宅第园林 271 处；清代有 150 处；20 世纪 50 年代有园林遗存 114 处，庭园 74 处，共计 188 处；1984 年苏州建城 2500 年时复查统计，园林和庭园尚存 69 处。

苏州古典园林作为江南园林的典型代表，集居住、游赏等功能于一体，在人口密集的城镇中将自然山水、花木、建筑等融入一园之地，体现了人们对自然的向往和追求，对居住环境的美化和完善，对内心世界的再造和升华。苏州古典园林蕴含了丰富的中华哲学、历史、人文、风俗，是中华文化的浓缩和精华的集中体现，在中国乃至世界造园史上具有举足轻重的地位和独树一帜的艺术价值。

《苏州古典园林艺术》试图从文化的角度，带读者走进苏州古典园林，透过古典园林中的山水泉石、花木建筑等外在的形态之美，通过对古代文士园居生活的深层挖掘，了解古代苏州造园技艺、品味欣赏园林美景的同时，探究苏州园林形成的文化背景。

走进苏州园林，进行一番文化巡礼，体会一下古人闲雅的园居生活，也许你真会像汤显祖《牡丹亭》中的杜丽娘一样，发出一声惊叹：“不到园林，怎知春色如许?！”

李　慧　卜复鸣

目录

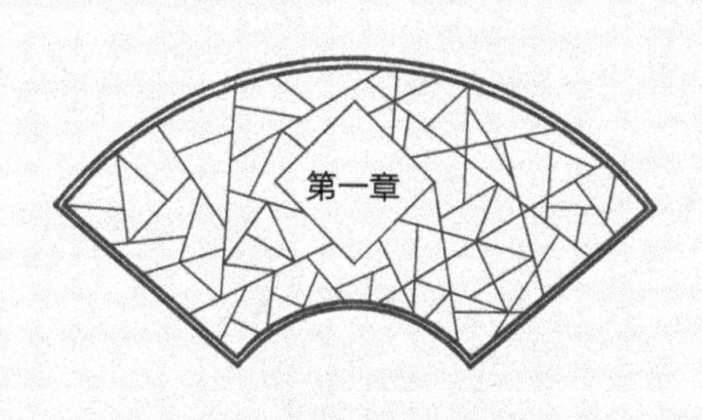

园林山水

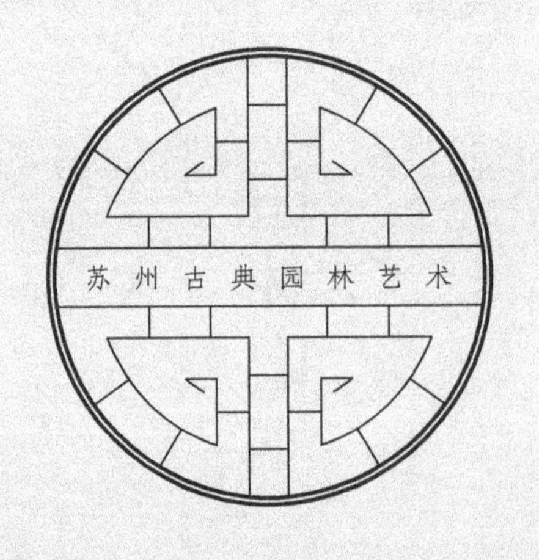
苏州古典园林艺术

第一节　园林山水起源

《红楼梦》原名《石头记》，曹雪芹在《红楼梦》第一回写道："当日地陷东南，这东南一隅有处曰姑苏，有城曰阊门者，最是红尘中一二等富贵风流之地。这阊门外有个……葫芦庙。"那我们就从那阊门外的留园说起。

留园

留园是中国四大名园之一，据考证，大约始建于明代万历二十一年至二十四年（1593—1596）间。现在留园中部的山池主景区，就是当年明代徐氏东园和清代刘氏寒碧庄的旧址所在，现代建筑家、园林学家童寯评论为"老树荫浓，楼台倒影，山池之美，堪拟画图"。在这图画般的山池中央有一个名叫"小蓬莱"的小岛，飞落于一泓碧水之中，上面架设有紫藤花廊，平栏曲桥与小岛花架把园林中部的整个池水分隔成了两个大小不同的水面空间，因此，该池也称"鸳鸯池"。

留园小蓬莱

春来闲坐，可以领略明艳富丽的紫藤花就像一抹绚丽的朝霞将整个碧潭池水映了个通红，清新的芬芳也好像弥漫在这个岛屿四周的水汽中，如同缥缈的仙境。而这座带有道家神仙色彩的园林景观，正是撷取了上古蓬莱神话的仙岛意境，营造出追求长生乐世的人间仙境。至于蓬莱仙岛的由来，还得从那遥远的远古洪荒时代道来。

人类初期由于对自然力的不了解，便幻想出了尘世之外有个神仙主宰的世界。巨大而高耸的山体是最接近天的地方，并显示着不可抗拒的力量，因此，被认为是天神们在人间的行宫，如同古希腊的奥林匹斯山一样，传说山上居住着宙斯和他的众神。在中国则无疑是昆仑山，传说它是中华始祖黄帝和女神西王母所居的神山。

传说当时的昆仑山上有着一座黄帝的行宫——悬（玄）圃，它除了有华丽的宫阙之外，还种植了许多的花草树木。而西王母所居的昆仑山瑶池，不但有壮丽的宫阙、珍异的禽兽，还有长生的仙人和令人不死的仙丹。

后来由人工筑成的内含山体和水系的园林，无非就是对昆仑山下环有九道河流，长有三千年开花、三千年结果的蟠桃这一理想瑶池仙境或蓬莱仙境的模仿或再现。

先民们对高山的膜拜，自然也成了以后历代帝王祭山和人工筑山的内在动力，从古埃及和墨西哥玛雅文明的金字塔，到中国古代的台，如夏启所筑的钧台、夏桀所筑的瑶台、商纣所筑的鹿台等，无不是对想象中的神山的模仿。

台是由土筑成的一种方形高台，登高可以观天象、通神灵，它与山一样有着相同的神性。周文王模拟昆仑山而建造的灵台（故址在今陕西西安西北），就是一座山岳般高大的土筑建筑物，它的建造预示着周族受命于天，将取代商族而成为天下的共主。筑台所用的土方大约也是从开挖池沼中取来的。西汉时期的刘向曾描述：周文王在筑灵台和挖池沼的时候，掘地挖到死人的骨头，就用衣棺重新安葬。

由此可见，灵沼也是一座人工开凿的水体。周文王对掘出来的遗骨进行重葬，说明了他的德行，所以当文王一到灵沼，满池的鱼儿就欢跃，象征着四方归顺来贺的帝王之气。周文王的灵囿，方圆七十里①，里面豢养着各种瑞兽祥鸟。

灵台和灵沼这种挖池筑台再加上自然景物式的组合构成了日后中国园林山水的基本框架。

历史有着惊人的相似，到了春秋时期，礼崩乐坏，各国诸侯趁周王朝衰微之际，也纷纷筑台称霸，举行起只有周天子才有资格举行的祭天礼仪来。比如，当时吴国（都城即现在的苏州）的吴王阖闾，在太湖之滨的姑苏山上，因山成台，筑起了“高三百丈”的姑苏台，后经其子夫差的续建，联台为宫，规模极其宏大。苏州上方山森林公园中的拜郊台遗迹就是吴王当年行天子之礼而祭天

---

① 1里＝0.5千米。

的地方。

到了战国初期，随着昆仑神话的东传，临海的齐、燕之地因其特有的地理环境，渤海中频频生成的海市蜃楼，让人联想起昆仑神话中的仙境，便产生了蓬莱神话。

从齐威王、齐宣王到燕昭王，不断派人入海，在那烟波浩渺的大海中寻找仙山，以实现他们追求长生的美好梦想。

到了秦始皇、汉武帝，这一活动达到了前所未有的高潮。他们除了继续大规模地派人出海寻找仙人和长生不死药之外，还在自己的都城宫苑中模仿出想象中的仙境，引水筑池，以太液池象征大海，在太液池中筑以蓬莱、方丈、瀛洲、壶梁等仙山。

从此，以大型水体为核心的所谓的“一池三山”的布局便成了以后历代帝王御苑的滥觞，同时也开创了中国造园史上堆叠假山的先河，山体、水体与建筑鼎足而三，成为中国园林的主要元素。

现在的北京颐和园尚能看到这种布局的影子，昆明湖的水域中分别筑有南湖岛、藻鉴堂、治镜阁三个湖心小洲。

即使是面积有限的私家小园，也难逃其樊篱，如苏州拙政园，在远香堂北部宽广的水池上，从东到西分别营建了待霜、雪香云蔚、荷风四面三个亭岛，它既有太湖流域的典型地貌，又象征了蓬瀛仙岛。苏州留园的小蓬莱，只是撷取了蓬瀛仙岛的片段而构成的仙景。

第二节 园林山水之美

山与水是人类赖以生存的物质基础，也是自然界中最富魅力的基本景观。中国人把山水作为审美对象，并加以欣赏、歌颂和赞美的历史由来已久。老子说，“上善若水”“上德若谷”。孔子也说过：“仁者乐山，智者乐水。”

那么，为什么山与水会有这么大的魅力，惹得古今的士人们不是远游天下山水，便是在家筑山引水呢？

我们先来看孔子是怎么解释的：“夫山者，岿然高……夫山，草木生焉，鸟兽蕃焉，财用殖焉，生财用而无私为，四方皆伐焉，每无私予焉。出云雨以通乎天地之间，阴阳和合，雨露之泽，万物以成，百姓以飨。此仁者之乐于山者也。”这句话的意思是：因为山挺拔高耸，有了山，草木就可以在那儿生长，鸟兽就可以在那儿繁育，人类的财富和日用之物也就有了，山无私地为人类提供了万物；山因为有树林，便会生出云和雨，使得天地贯通，阴阳调和，在雨露的润泽下，万物得以生长，百姓得以享用。在人们的心目中，山是崇高的，是美好的。

我国的第一部诗歌总集《诗经》中也有大量对山的歌颂，如《诗经·小雅》中的“高山仰止，景行行止”。东汉经学家郑玄的注解里是这样解释的：古人对有高尚道德的人就仰慕他，对行为正大光明的人就跟随他。在这里，“高山”被喻为有高尚德行的人。苏州园林沧浪亭里，有个廊亭叫作“仰止亭”，这个“仰止”就取自“高山仰止”。这里让园林主人崇仰的人是谁呢？亭正中有一幅小像，这像中人便是“吴门四家”之一的文徵明。文徵明，苏州人，明代画家、书法家、文学家，其书画造诣非常全面，诗、文、书、画可以说是无一不精，人称他是“四绝”的全才，而且，他还曾参与苏州园林的设计和建造。这里的“仰止”，表达的就是后人对文徵明高尚人品与经典画作的崇仰之情。

水是生命之源，有水就会有生命的存在。人类的祖先最早就是逐水而居的，水草丰茂的地方，必定是鱼米之乡。老子说，“水善利万物而不争”。在古人眼中，水有着丰富而伟大的品质。比如，水普遍而无私地滋养着天下万物，这就像人的德行；水所到之处，就会有生命的生长，这就像人的仁爱；水向下流动，曲折而循其理，就像人们所讲的道义；水从百仞之高的悬崖之上，飞流直下而毫不疑虑畏惧，就像人的勇敢；“不清以人，鲜洁而出”，就有人的善化作用；水“至量必平”，就像人的公正、公平；水“万折必东”，就像一个人为了达到目标而不懈努力的意志。

孔子认为，水的这些特性与君子的品质非常相似，“夫水者，君子比德焉”，所以“君子见大水”，遇水必定要去观赏一番。

孔子的这种“君子比德”的观点，是中国历史上对山水审美的一种传统观念，后来历代思想家、艺术家也都受到这一“比德”观点的影响，并贯穿他们的人生历程之中。因此，南朝陶弘景才会感叹说：“山水之美，古来共谈。”

中国的造园家们常在他们或大或小的一方天地中仿造出大自然的山水景观。这样，他们就能不出城市，观赏到山水之美了。

同样是山水，在佛、道者的眼中，自然是修为的绝佳之处。从“天下名山僧占多”，到庄周的“相呴以湿，相濡以沫，不如相忘于江湖”，再到陶渊明的“采菊东篱下，悠然见南山”……他们理想的生活中都少不了山和水。在中国常常是儒释道三教合一，它们的许多思想往往是相通的，而中国的隐逸文化几乎贯穿于整个文化阶层的人生过程中。人在失意的时候，就连孔子也会说出“道不行，乘桴浮于海”这样的话来，即自己的主张如果行不通，那就乘筏到海岛隐居吧。

中唐以后，一些退居林下的文人，也包括一些附会风雅的商贾，他们比较推崇白居易的“中隐”理论：“大隐住朝市，小隐入丘樊。丘樊太冷落，朝市太嚣喧。”所以，最好的选择就是中隐了，选择做个闲官，过着“似出复似处，非忙亦非闲。不劳心与力，又免饥与寒”的生活。

可以说，园林是中国隐逸文化城市化的一个载体，就像元代苏州的狮子林那样，林木翳密，丛竹遍地，狮子一样的怪石缀于其间，虽处都市，却无异于林泉云壑。因此，元代的维则在《狮子林即景》中说：“人道我居城市里，我疑身在万山中。”

同样，明代嘉靖年间的袁祖庚在苏州阊门内筑园建醉颖堂，即现在的艺圃，它的门楣为“城市山林”，一时之间名流雅士觞咏其中。这“城市山林”也就成了中国园林的代名词。到了清初，当时的艺圃也还是“幽栖绝似野人家”。而现在我们到艺圃去，还可以看到，在它的西南处有个园中园，叫“浴鸥园”。鸥是一种水鸟，善于飞翔，主食鱼类、昆虫及多种水生动物。鸥浮游于江海，随波上下，有悠闲之致，故又名“闲客”。《列子》中记载有人与群鸥相嬉的传说。因此，古人常以“鸥盟”或“盟鸥”来隐喻退居林泉，如辛弃疾的“富贵非吾事，归与白鸥盟”。而鸟之飞上飞下谓之“浴”，所以“浴鸥”有悠闲自在的意思。“邻虽近俗，门掩无哗……足征市隐，犹胜巢居。”园林虽然邻近俗世，但关了园门就能隔绝喧哗……这足以证明在城市中是可以隐居的，远胜于遁迹山林隐居的生活。

辛弃疾在《贺新郎》中写道：“我看青山多妩媚，料青山见我应如是。情与貌，略相似。”青山和人有着一样的神态和情感，寄情山水，或超然世外，或慰藉心灵，也是中国文人逃避现实的不二法门。

艺圃浴鸥园

第三节 园林山水营造

明代的邹迪光在《愚公谷乘》一文中说，“园林之胜，惟是山与水二物”。山体是支撑园林空间的骨架，被称为“造园之骨”，古人有“据一园之胜者，莫如山”之说。水则是园林之魂，山因水活，水随山转，显得生动而活泼。

园林山水的营造无非是掘土堆山，或者再假以山石，形成山林景象，或堆叠成断崖绝壁，以形成险要的山崖景观。

中国园林对山水的景观营造，主要是借天然地形，略加改造，便使得园林的景观富有天然之妙、自然之趣，这正是明代造园家计成所说的“虽由人作，宛自天开”的境界。

如中国北方皇家园林的杰出代表颐和园，通过对北京西山支脉万寿山山前湖泊的数度疏浚（主要在清代乾隆年间），将昆明湖水沿万寿山的西北延伸，并把所挖出的土方堆筑在万寿山的两侧，使它的东西两坡舒缓而对称，从而形成了山水环抱之势，构成了“秀水明山抱复回，风流文采胜蓬莱”的园林胜景。

苏州的拙政园在明代只是有很多的空地，“有积水亘其中”，当时的园主王献臣便“稍加浚治，环以林木”，建成了一座疏朗自然、以水为主的私家园林，后来又经过清代康熙年间的数度改造，逐渐形成了现在的一座以池岛为主要景观、建筑临水错杂环列，而又能和池水相协调的古典园林。

拙政园“池岛为主”

计成在《园冶》一书的自序中建议，在建造园林时，应在地形最高的地方堆叠假山，在地势低下的地方挖土使深，让乔木参差地生长在山腰之际，使得盘曲的树根嵌扎在石头之中，俨然一幅天然图画；再依水而上，使亭台等建筑错落在回环的溪水之上，架以长廊，就会有意想不到的美。因而，他把“有高有凹，有曲有深，有峻而悬，有平而坦，自成天然之趣，不烦人事之工”的山林之地，列为最好的造园之地。

苏州古典园林大多以山池为布局中心。或以山为主，以水为辅（如环秀山庄）；或以水为主，以山为辅（如网师园）。因此，叠山理水是苏州园林造园的基本手法。

一、叠山

叠山，就是叠石造山，在计成的《园冶》一书中称为“掇山”，苏州方言中“掇”“叠”音同，所以“掇山”就是叠山。叠山也称造山、筑山、堆山、垒(累)山等，不一而足，俗称“堆假山”，它是造园技艺中的一种重要门类。

苏州园林中的假山可分为土山、石山和土石相结合的土石山。在古代，还有以木代山或泥塑山形之类的作品，而苏州一带所指的“假山”则常指叠石为山。

（一）土山

中国堆土造山的历史应该是很悠久的。《尚书·旅獒》中记载：“为山九仞，功亏一篑。”意思是说，九仞高的土山，只欠一筐土而没有达到要求的高度，比喻做事情缺少再坚持一下的努力而告以失败。《荀子·劝学》中说：“积土成山，风雨兴焉。”堆土成为高山，风雨就能从山里兴起，就能使气候发生变化。尽管是比喻，但也说明了早在先秦时期就有筑土成山，并形成山林景象的事实了。

早期的园林假山都是模仿自然山林，大多是以土筑为主的土山，如东汉的梁冀所言：“又广开园囿，采土筑山，十里九坂，以象二崤，深林绝涧，有若自然。”他之所以要采土筑山，是因为要形成像两座崤山那样的自然景观。

再如，五代时苏州的南园，朱长文在《吴郡图经续记》中称其：“酾流以为沼，积土以为山，岛屿峰峦，出于巧思。求致异木，名品甚多，比及积岁，皆为合抱。亭宇台榭，值景而造。”

把水池挖深，挖出来的土再堆成假山，形成岛屿和假山峰峦，再栽上一些著名的花木，时间长了，自然会形成一种山林景象。

我们现在一说假山，好像就是专指叠石假山了。其实假山本来就是从土山开始，后来才逐步发展到叠石假山的。

土山的特点是体量都比较大，但雨水比较多时，土山易受冲刷。李渔在其《闲情偶寄》中说：“用以土代石之法，既减人工，又省物力，且有天然委曲之妙，混假山于真山之中，使人不能辨者，其法莫妙于此。”土山利于植物生长，能形成自然山林的景象，极富野趣，所以在现代城市绿化中亦有较多的应用。

（二）石山

中国的叠石假山可追溯到西汉时期，当时有个茂陵富人袁广汉，家拥巨资，光家童就有八九百人，“于北邙山下筑园，东西四里，南北五里，激流水注其内。构石为山，高十余丈，连延数里”。这里“构石为山”可能只是在局部，大量的可能还是土筑，所以山体很大，才会“连延数里”。

真正的用山石堆叠假山大约是到了南北朝才发展成熟的，如南朝梁武帝的弟弟湘东王萧绎在江陵的子城中建造湘东苑，“穿地构山”长达数百丈，“前有高山，山有石洞，潜行宛委二百余步”。一步等于五尺，二百余步，即一千多尺，300多米，假山的山洞之长，足以证明当时已有很高的叠山水平了。

石山的特点是营造出山体的险峻，但植物不易生长，这样会形成光秃秃的童山，显得了无生机。因它用石极多，所以体量一般都比较小，李渔所说的“小山用石，大山用土”就是这个道理。

小山用石，可以充分发挥叠石的技巧，使它变化多端，耐人寻味。况且在小面积范围内，聚土为山势必难成山势，所以庭院中缀景，大多用石，如网师园的云冈假山、扬州个园的秋山等。石山或当庭而立，或依墙而筑，也有兼作登楼的蹬道的，如苏州留园明瑟楼的云梯假山等。

依据所选用的石料，苏州园林的假山可分为太湖石假山和黄石假山两大类。

太湖石，俗称“湖石”，是产于太湖周边一带的石灰岩，因白居易写了篇《太湖石记》而名闻天下。历史上尤以产于苏州太湖洞庭西山一带的太湖石最为有名。

在宋代，采石人常携带锤凿，潜入太湖深水中进行取凿，再用大船、绳索，设木架绞出。还有一种就是“种石”，即对缺乏天然孔穴的，采取人工凿孔加眼，再沉于水中，放置到波浪冲激处冲刷，以售得好价钱，但因耗时较长，所以有“阿爹种石孙子收”的说法。

太湖石属于沉积岩中的石灰岩，石灰岩在高温下易受雨水侵蚀，其溶蚀变形后，便构成了千姿百态的石灰岩溶地貌，由于最早发现于南斯拉夫的喀斯特山地，所以便命名为“喀斯特地貌”。大凡成功的太湖石假山作品无不以石灰岩岩溶地貌及溶洞内的溶蚀景观进行模拟造型，如小林屋水假山便仿自苏州西山的林屋洞石灰岩溶洞景观。

玲珑秀润的太湖石，历来受到园主人和造园叠山家的青睐，但由于过度开采，至明末就已经很少了，所以晚明的计成在《园冶・选石》的“太湖石”条目中感叹道:“自古至今，采之以久，今尚鲜矣。”因此，吴地开始有人尝试随地取材，采用黄石叠山。

尧峰石，即产于苏州近郊尧峰山的黄石。明末尧峰石的使用，是造园叠山史上的大事，从此黄石假山成了与太湖石假山比肩并列的假山流派。黄石属于沉积岩中的砂岩，棱角分明，轮廓呈折线，呈现出苍劲古拙、质朴雄浑的外貌特征，显示出一种阳刚之美，与太湖石的阴柔之美，正好表现出截然不同的两种风格，所以受到了造园叠山家们的重视。

为了表现这两种山体的不同趣味，古代造园叠山家们常将这两种山石用于同园中的不同区域以示对比，如扬州个园四季假山中的夏山（湖石山）与秋山（黄石山），苏州耦园中的东花园假山（黄石山）与西花园假山（湖石山）等。

耦园东花园黄石假山

（三）土石山

李渔在《闲情偶寄》中说："累高广之山，全用碎石，则如百衲僧衣，求一无缝处而不得，此其所以不耐观也。"如果把土与石结合在一起，不仅使山脉石根隐于土中，泯然无迹，而且还便于植树，树石浑然一体，山林之趣顿出。

土石山正好结合了土山与石山两者的优势，大部堆土，局部用石，既能形成险峻的山势，又可通过堆土、栽种植物，形成一种气息。

土石相间的假山主要有以石为主的带（戴）土石山（石包土）和以土为主的带（戴）石土山（土包石）。

土包石土石山也就是在土山的山脚或山的局部适当用石，以固定土壤，形成优美的山体轮廓，如留园西部的假山。山脚叠以黄石，蹬道盘纡其中，它因土多石少，便形成了林木蔚然而深秀的山林景象。

留园西部假山

而另一类石包土土石山则是在山的四周及山顶全部用石，或用石较多，只留一些树木的种植穴，在主要观赏面并无洞壑，形成整个石包土格局，如苏州留园中部的池北假山等。

二、理水

理水，说得通俗一点，就是园林中的水景处理。

面积较大的园林，如拙政园、狮子林等，对水体的处理有分有合，既有主次，又有变化统一。拙政园以远香堂北的水池为中心，极具江南水乡的辽阔弥漫之感；而支流则萦回于亭馆山林之间，显得萦回幽深。

拙政园水景处理

苏州的中小型园林常常是以水池为中心，辅以溪涧、水谷、瀑布等，沿池点缀山石、亭榭及桥廊等，或叠石造山，巧置花木，组成若干个景面。这类园林一般规模较小，却能做到曲折有致。

比如，苏州的网师园就是一个以水池为中心的山水园，彩霞池明波如镜，四周渔矶高下，画桥迤逦，云影水色，变幻其中。清代乾隆年间的著名学者钱大昕曾评论说:“地只数亩，而有纡回不尽之致;居虽近廛，而有云水相忘之乐。”(《网师园记》)同时，水能招月，“涓涓流水细侵阶。凿个池儿，唤个月儿来。画栋频摇动，红蕖尽倒开”(辛弃疾《南歌子·新开池戏作》)，所以建造者在池边建了个月到风来亭。

彩霞池的理水可谓深得中国造园艺术之精髓，其东南一角设有“槃涧”，观其水源，乃发端于“可以栖迟”与“小山丛桂轩”处的灵峰秀石之间。涧中有一个小小水闸，旁边的立石上还刻有“待潮”二字，仿佛闸门一开，源于山间的涧水就会似潮水般汹涌而至。这正是造园上所说的“山贵有脉，水贵有源”的典型范例。

而涧口则用花岗岩（俗称“麻石”）小桥——引静桥（俗称“三步桥”）这一苏州古典园林中最小的石拱桥做遮蔽，并用它作为东面山墙和桥西黄石假山的过渡。

网师园彩霞池及引静桥

涧水过了小桥以后便积水成潭，汪洋一片，点出了这个以“网师”而命名的渔隐主题，给人以江湖之思。空旷的池水在小涧、小桥的衬托下，更显浩渺。

在彩霞池的西北，则设计了一座梁式石板曲桥，形成了内湾式的迂回水尾，池水从曲桥下穿流而过，直到看松读画轩的堂前。这样便把彩霞池的来龙去脉交代得一清二楚。

苏州还有一些中小型园林的山水布局，常以山为主，以水为辅，而且面积相对较小。

江南之地，因地下水位比较高，即使是平地造园，也容易掘地得水。比如，苏州的环秀山庄，在清代乾隆年间造园时，“于楼后垒石为小山，畚土，有清泉流出，迤逦三穴，或滥或氿……合之而为池”（蒋恭棐《飞雪泉记》）。在楼后堆假山时，有泉水流出，便积水成池了。现在环秀山庄的假山是清代乾隆、嘉庆年间的戈裕良所叠。有人认为此假山是以苏州近郊的大石山为蓝本的，山前有一泓清泉萦绕，由曲桥过临水崖道，转入崖谷中，过步石，上蹬道，可盘旋到山顶。

网师园平板曲桥

三、叠山理水的佳作——拙政园复园

拙政园的中部景区在清代乾隆、嘉庆年间又称“复园”，是全园的精华所在。它保留了明代的建园风格，以水为中心，山水相依。荷花池中假山堆砌的待霜亭、雪香云蔚亭和荷风四面亭，象征了古人所说的东海中的蓬莱、瀛洲、方丈这三座仙岛。

待霜亭是一座六角景亭。“待霜”取自唐代诗人韦应物的诗句“书后欲题三百颗，洞庭须待满林霜”。韦应物曾任苏州刺史，深知洞庭山的橘须霜打过才会更红、更甜。当年文徵明在《王氏拙政园记》中就记有这一景点，现亭名“待霜”二字的书写便取自碑记。亭子周围遍植橘树，据说其中就有洞庭的料红橘。试想，霜降时节，这红了的橘子在周围逐渐变红的枫叶的映衬下，小岛便处处透着浓浓的秋意了。

拙政园待霜亭

雪香云蔚亭是中部景区的最高点。雪香指梅花飘香，而云蔚则指林木茂盛。再看亭中对联“蝉噪林逾静，鸟鸣山更幽”，意思就是蝉的鸣叫和鸟的叫声反而使山林显得更加宁静，它运用了以动衬静、闹中取静的手法来凸显周围环境的安静。我们可以想象一下，园主在这里摒弃烦恼，忘记忧愁，静下心来聆听鸟儿的鸣叫，闻着花儿的芬芳，这是一幅多么生机勃勃、多么美妙的春景图啊！园主还在这儿堆起了小山，植起了小树，盖起了小茅屋，仿佛能在这山花野鸟之间摒弃世俗的烦恼，忘记红尘的喧嚣，寻到他“咫尺山林”般的世外桃源。

拙政园雪香云蔚亭

荷风四面亭四面临水、三面植柳，位置极佳。清澈的池塘里正值盛夏荷花开放，满池碧绿的荷叶中，朵朵娇艳的荷花惬意地在微风中左右摇曳，“映日荷花别样红”说的大概就是此情此景吧。正所谓“花间隐榭，水际安亭”，荷花塘畔，亭台水榭高低错落，精巧玲珑。站在荷风四面亭中，只觉荷香阵阵，清风怡人。亭中还挂有一副对联，“四壁荷花三面柳，半潭秋水一房山”。这副对联的绝妙之处就是其中蕴含着一二三四的序数，代表这里能欣赏到一

拙政园荷风四面亭

年四季的风景。寥寥几笔，就勾画出拙政园春、夏、秋、冬的风景特色，实在是妙趣横生。

叠石理水是园林重要的构景手法，而拙政园中部景区以水为主题，水面占总体面积的五分之三，将明代园林的共性——山水多，体现得淋漓尽致。所有的建筑都依水而建、依水而居，而这些建筑大小不同，高低错落，疏密有致，这就是中部的妙处，无一雷同，又别有风味。而拙政园采用“一池三岛”的构园格局，真正树立了“水绕山转，山因水活”的典范。

拙政园“一池三岛”

这三座小岛山势连绵开阔。从侧面看，又似崇山峻岭，一山接着一山，这山望着那山高，完全符合中国山水画平远、深远、高远的构图，凸显出山水灵动的魅力。园主运用“以小见大”的手法，将真山真水搬到自己家里来，居住于这一片山林仙岛里，是何等的悠闲、何等的惬意！这大概就是园主的世外桃源、人间仙境吧！

第四节　园林假山营造

园林假山的营造主要体现在园林假山组合单元上。在晚明至清代中叶的假山组合单元中，主要有绝壁及峰、峦、谷、涧、洞、路（蹬道）、桥、平台、瀑布等。比如，环秀山庄的假山，其组合方法大抵是临池一面建有绝壁，绝壁下设路（有的则以位置较低的石桥或石矶作陪衬），再转入谷中，由蹬道盘旋而上，经谷上架空的桥（石梁）至山顶，山顶上或设平台，或建小亭，以便休憩、远望。

环秀山庄假山

一般峰和峦的数量与位置，都是根据假山的形体、大小来决定的；而石洞只不过有一二处，常隐藏于山脚或山谷之中；少数在山上再设瀑布，经小涧流至山下。但园中假山并不一定都具备这些单元，有的只是部分，如明代假山的主体，多半用土堆成，只是在假山临水处的东麓或西麓建一小石洞，如苏州艺圃在山的西麓，南京瞻园在山的东麓。这种办法既可节省石料、人工，又可在山上栽植树木，以形成葱郁苍翠的山林之气，其景与真山无异。至于清末的假山，则形体多半低而平，在横的方向上，很少有高深的谷、涧及较大的峰峦组合，仅在纵的方面以若干蹬道构成大体近于水平状的层次。

一、绝壁

用太湖石叠砌的绝壁（石壁）是以临水的天然石灰岩山体为蓝本，由于其受波浪的冲刷和水的侵蚀，会在表面形成若干洞、涡及皱纹等，并会产生近似垂直的凹槽，其凸起的地方隆起如鼻隼状。大小不一的涡内，有时有洞，但洞则不一定全在涡内。洞的形状极富变化，边缘几乎都为圆角，在大洞旁往往错列有一二处小洞。

环秀山庄的石壁，主要模仿太湖石涡洞相套的形状，涡中错杂着各种大小不一的洞穴，洞的边缘多数作圆角，石面比较光滑，显得自然贴切。该假山西南角的垂直状石壁作向外斜出的悬崖之势，堆砌时不是用横石从壁面作生硬挑出，而是将太湖石钩带而出，去承受上部的壁体。这样既自然，又耐久，浑然天成，而不像有的假山用花岗岩条石作悬梁挑出，再在条石上叠砌湖石，显得生硬造作。

环秀山庄石壁

黄石和石灰岩一样，在自然风化的过程中，岩面的石块会有大有小，也会有直有横有斜，参差错落。

苏州耦园东部黄石假山的绝壁最能体现这种情形，其直削而下临于池，横直石块大小相间，凹凸错杂，似与真山无异。园林学家刘敦桢教授认为："此处叠石气势雄伟峭拔，是全山最精彩的部分。"

二、洞室

洞室一般设计在山体的核心部位，其大小须考虑人体活动的范围，所以高度常设计在 2.2—2.5 米之间，洞室周围的面积以不小于 3—4 平方米为宜。如环秀山庄的假山洞室，其直径在 3 米左右，高约 2.7 米。

建造者在设计洞室时，首先要考虑壁体的坚固性，所以不论假山建造时代的早晚，一般多以横石叠砌为主。同时建造者还必须考虑通风、采光，故一般在洞壁上还设计若干小洞孔隙，有的则在洞壁上开较大的窗洞，以利用日照的散射与折射光线。

洞室采光的要求，应以即便是在阴沉的白昼，也能借助由外透进来的散射光线，识别人形及其一般人的行为活动需要为原则。

环秀山庄假山洞室

洞顶一般以长条石板覆盖，尤其是一些年代较为久远的假山，或一些深长的山洞。洞顶也有用“叠涩”（用砖、石、木等材料做出层层向外或向内叠砌挑出或收进的形式）的方法，向内层层挑出，至中点再加粗长石条，并挂有如钟乳状的小石，如惠荫园的水假山洞。这类假山一般洞室较大。

环秀山庄假山洞顶

而清代乾隆、嘉庆年间戈裕良所创造的“将大小石钩带联络如造环桥法”，采用发起拱的穹隆顶或拱顶的结构处理，则更合乎自然。

一般洞顶的上部，就是登山后的山顶平台了，所以也必须考虑用必要的石块进行铺平，灌浆，再覆土，或花街铺地，并考虑一定的散水坡度，设计好散水孔。

洞顶的结顶到山顶填充铺平石的厚度一般应在 0.5 米以上，否则峰洞过分接近山巅，会让人感到山体的单薄感和虚假感。

山巅平台的外侧需要设计女儿墙，以起到具有保护性质的栏杆的作用。同时它也是悬崖峭壁山顶的收顶部分，所以应注意其起伏变化。

洞室内外还必须设计有登山台阶，即蹬道。由洞内到山顶的楼梯式蹬道常设计成螺旋状，其高度大致与洞门的高度相等，一般设计得接近人体的高度，即在 1.85 米左右。这样可起到使人产生需要稍微低头才能进出的心理反应的效果。

三、蹬道

用山石叠砌而成的蹬道是园林假山的主要组成部分之一，它能随地形的高低起伏、转折变化而变化。无论假山高低与否，其蹬道的起点两侧一般均用竖石，而且常常是一侧高大，另一侧低小，有时也常采用石块组合的方式，以产生对比的效果。

竖石的体形轮廓以浑厚为佳，忌单薄尖瘦。如盘山蹬道的内侧是高大的山体，则蹬道的外侧常设计成护山式石栏杆。

留园假山蹬道

蹬道的踏步一般选用条块状的自然山石。在传统的假山或后期整修中，也出现过太湖石，或采用青石、黄石假山蹬道，用花岗岩条石作踏步。

与假山蹬道相连的道路路面一般以青砖仄砌为多，少数还采用花街铺地的形式，在路面点缀一些吉利图案，如“瓶生三戟”（寓意“平升三级”）、“百结图”（寓意“百吉百利”，亦称“中国结”）、“莲藕”等，如留园里便存在此类吉利图案。另一种则用石片仄铺的形式，显得古朴自然，意趣无穷，如网师园云冈假山山顶。

在园林中还有一种与楼阁相结合的室外楼梯式的假山蹬道。这就是楼阁建筑与叠山艺术相结合的云梯假山。

所谓云梯，就是人行其中，随蹬道盘旋而上，有脚踩云层、步入青云之感。所以其选用的石料多为灰白色的太湖石，以求神似。留园明瑟楼的“一梯云”假山的山墙上，有董其昌所书“饱云”一额，正写出了云梯假山的高妙境界。

留园明瑟楼“一梯云”假山

《园冶·阁山》云:“阁皆四敞也，宜于山侧，坦而可上，便以登眺，何必梯之。”说明云梯假山一般均隐设于楼阁之侧，以免影响楼阁的正面观景，如留园冠云楼前的云梯设于楼的东侧，而网师园梯云室前的云梯假山则设于五峰书屋的山墙边，借此云梯可登五峰书屋的二楼。

四、谷

两山间峭壁夹峙而曲折幽深、两端并有出口者称“谷”。古代名园称谷者如明代无锡的愚公谷、清代扬州的小盘谷等。在现存的假山作品中，以苏州环秀山庄假山中的谷最为典型，两侧削壁如悬崖，状如一线天，有峡谷气势。苏州耦园的黄石假山有“邃谷”一景，其将假山分成了东西两部分，中间的谷道宽仅 1 米左右，曲折幽静，刘敦桢教授认定其为清初“涉园”遗构。

五、涧

谷中有水则称为“涧”。著名者如无锡寄畅园内的假山中用黄石叠砌而成的“八音涧”，二泉细流在涧中宛转跌落，琤琮有声，如八音齐奏。

苏州留园将中部的池北与池西假山相接的折角处设计成水涧，正如山水画中的“水口”。清代的唐岱在《绘事发微》中说:“夫水口者，两山相交，乱石重叠，水从窄峡中环绕湾转而泻，是为水口。”

用黄石叠砌的水涧，显得壁立耸峭，如临危崖，涧中清流可鉴。因此，上佳的假山，必定缩地有法，曲具画理。《园冶》云:“假山以水为妙，倘高阜处不能注水，理涧壑无水，似有深意。”这可能是假山中“旱园水做”的一种方法，所以像留园的西部假山有一条用黄石叠砌的山涧，从山顶盘纡曲折而下，直到山脚下的溪边，虽然此山涧无水，但亦能感到其意味深远。而如大雨滂沱时，又具备泄水的功能。

留园中部假山夹涧

六、峦

一般假山的结顶处，不是峰便是峦。《说文解字》云："圆曰峦。"《园冶》曰："峦，山头高峻也，不可齐，亦不可笔架式。或高或低，随致乱掇，不排比为妙。"

环秀山庄假山山峦

所以大型假山尤应注意结顶，做到重峦叠嶂，前后呼应，错落有致。一般园林中的土山均为峦之形式，如拙政园中部的东西两岛。

七、峰

《说文解字》云:“尖曰峰。”一般一座假山只能有一个主峰，而且主峰要有高峻雄伟之势，其他的山峰则不能超过主峰。正如王维《山水诀》中所说的“主峰最宜高耸，客山须是奔趋”，以形成山峰的宾主之势。各峰、峦之间的向背俯仰必须彼此呼应，气脉相通，布置随宜，而忌香炉蜡烛、刀山剑树式的排列。

陈从周教授在分析了明代假山后指出，尽管其布局至简，只有蹬道、平台、主峰、洞壑等数事而已，但能千变万化,“其妙在于开合”“开者山必有分，以涧谷出之”，如上海豫园、苏州耦园的黄石假山。“而山之余脉，石之散点，皆开之法也”，像旱假山的山根、散石等，水假山的石矶、石濑（流水冲击的石块）等。“合者必主峰突兀，层次分明。”（《续说园》）所以假山的组合与布局，不管是一峰独峙，还是两山对峙，或平冈远屿，或崇山峻岭，或筑室所依，或隔水相望，都应该做到主次分明，顾盼有致，开阖互用。

耦园假山之峰

第五节　园林假山布局

一、假山设计中的“三远”

叠石掇山，虽石无定形，但山有定法。所谓法者，就是指山的脉络气势，这与绘画中的画理是一样的。大凡成功的叠山家无不以天然山水为蓝本，再参以画理之所示，外师造化，中发心源，才营造出源于自然而又高于自然的假山作品来。

在园林中堆叠假山，由于受占地面积和空间的限制，在假山的总体布局和造型设计上，叠山家常常借鉴绘画中的“三远”原理，以在咫尺之内，表现千里之致。

所谓的“三远”，即高远、深远、平远。宋代画家郭熙在《林泉高致》中提出：“山有三远：自山下而仰山颠，谓之高远；自山前而窥山后，谓之深远；自近山而望远山，谓之平远……高远之势突兀，深远之意重叠，平远之意冲融而缥缥缈缈。”

（一）高远

高远，即根据透视原理，采用仰视的手法，创作出的峭壁千仞、雄伟险峻的山体景观。比如，上海豫园的黄石大假山、苏州耦园东园的黄石假山等，后者用悬崖高峰与临池深渊，构成典型的高远山水的组景关系。

（二）深远

深远，即表现山势连绵，或两山并峙、犬牙交错的山体景观，具有层次丰富、景色幽深的特点。如果说高远注重的是立面设计，那么深远表现的则是平面设计中的纵向推进。在自然界中，诸如由于河流的下切作用等，所形成的深山峡谷地貌，给人以深远险峻之美。园林假山中所设计的谷、峡、深涧等，就是对这类自然景观的摹写。

（三）平远

平远，即根据透视原理来表现平冈山岳、错落蜿蜒的山体景观。深远山水所注重的是山景的纵深和层次，而平远山水追求的是逶迤连绵、起伏多变的低山丘陵效果，给人以千里江山不尽、万顷碧波荡漾之感，具有清逸、秀丽、舒朗的特点。苏州太湖、石湖等山体大多呈平远之势。

“三远”在园林假山设计中，都是在一定的空间中，从一定的视线角度去考虑的，它注重的是视距与被观赏物（假山）之间的体量和比例关系。有时同一座假山，如果从不同的视距和视线角度去观赏，就会有不同的审美感受。

二、假山的平面布局

园林假山的布局设计是在一定的空间内，将假山的若干个组合单元度势布局，相宜构筑。

尽管在假山设计中无特定的成法，但在平面布局上，一般采用不等边三角形的平面呼应式的组合关系，先确定主山，然后副山，再余脉，以求在空间构图和视觉上达到不对称的均衡，获得稳定的平衡感。

苏州古典园林假山的布局可分为中央布置、对景布置、角隅布置、侧旁布置、周边布置（沿边布置）等类型。

（一）中央布置法

中央布置法是将假山绵延横亘园林之中，或将峰石花台置于庭院中央的一种布局方式。这类山体面积较大，拟构造全景式山水景观或山体景观，常为园林中的中心景物。围绕山体四周布置亭榭轩廊，可从不同角度和观赏点产生“三远”山水的观赏效果，如沧浪亭假山、耦园东花园的黄石大假山等。

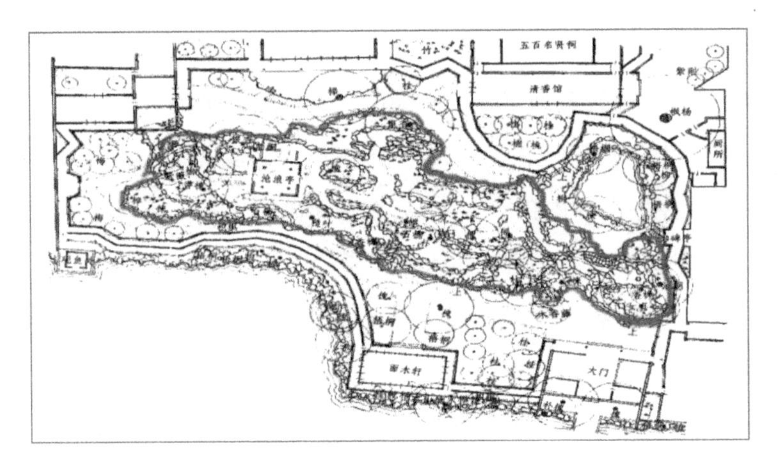

沧浪亭假山中央布置

峰石花台假山，如留园的揖峰轩庭园花台假山和冠云峰庭园峰石假山等。

（二）对景布置法

对景布置法是指把假山布置在园林主体建筑的主要观赏面，作为对景，遮挡远观的视线，并形成山林景象。对景布置法中有一类假山直接沿墙堆叠，大者如艺圃大假山，小者如留园五峰仙馆前的厅山。还有一类假山则常作障景用，如拙政园远香堂南的黄石假山、耦园西花园的太湖石假山等，俗称“开门见山”。

艺圃假山对景布置

（三）角隅布置法

角隅布置法是因园林面积较小，利用角隅空间堆叠假山或花台假山，以填补或点缀空间的一种布局方式。大型者如环秀山庄的主景假山，在主要观赏面形成断崖。

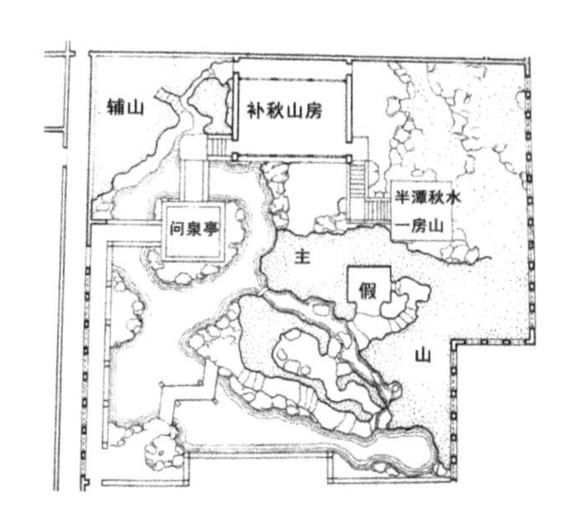

环秀山庄假山角隅布置

（四）侧旁布置法

因园林面积有限，而拟造的假山体量又大，为获得崇山峻岭的意境，则常运用侧旁布置的手法。如苏州留园中部的山水园主景假山的构图，其假山的设计采用了“主山横者客山侧”的侧旁布局手法，将主山安排在水池北。

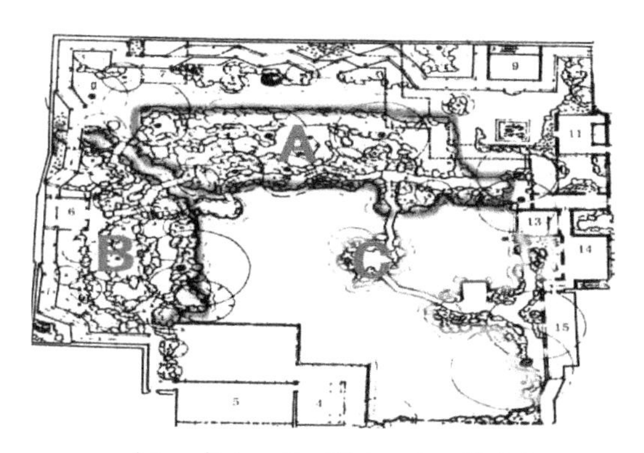

（A：主山　B：副山　C：辅山）

留园假山分布图——横看成岭侧成峰

（五）周边布置（沿边布置）法

周边布置（沿边布置）法是指将假山布置于周边，形成封闭或半封闭式的山林或庭园空间，以形成山脉连绵不断的山林意境。一般以沿墙周边花台假山为多，如网师园的殿春簃、梯云室等。

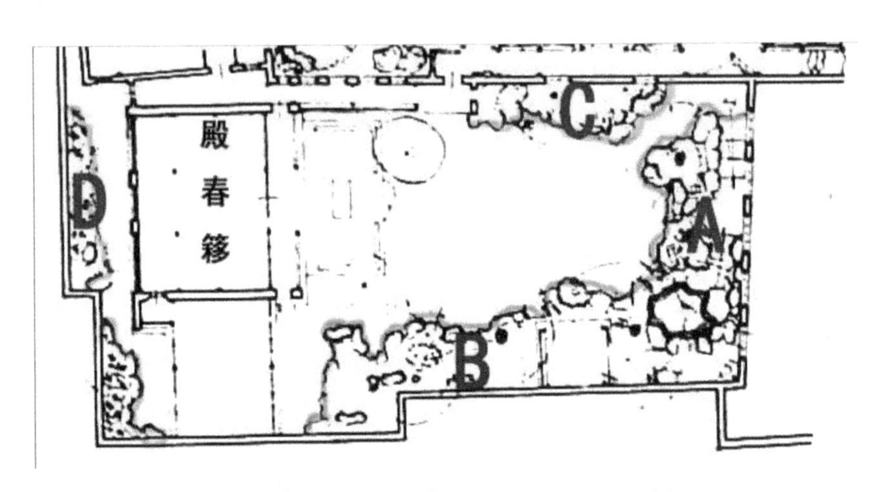

网师园殿春簃小院沿边布置A、B、C、D四处假山

三、假山的立面设计

假山的平面设计体现为结合园林地形进行合理布局，它只是空间构图的地形位置安排，而园林假山的关键还在于空间的立面观赏，所以假山的立面设计才是假山造型设计的关键所在。一座假山在平面设计时就应该构思其立面的造型问题。

大自然中山岳地貌的造型都是在重力作用下形成的，因此，假山的立面造型必须以静力平衡为原则。即便是为了假山的艺术美，在其造型中体现不稳定感，但在结构力学上仍然必须按平衡分配法获得静力平衡关系，以达到外形似不稳定中的内在平衡。

具体而言，假山的立面设计应考虑到体、面、线、纹等。

（一）体

体是指假山的体形。在设计时，除应充分考虑视距与假山（被观赏景物）体量间的比例关系外，在具体的立面设计上，还应考虑的是它的体形，或高耸、或平缓、或巍峨、或险峻，并对其山巅、山腰、山角等块体做出合理的布局和艺术处理。这方面的设计可充分借鉴中国传统山水画的画法来表现。

另外，立面设计应考虑多个体形的组合，尤其是山峰的组合，可借鉴空间三角形的组合方法。以苏州网师园云冈黄石假山为例，三组假山（下图中A、B、C三个位置的假山）突兀于水池岸边。

网师园云冈黄石假山

（二）面

面是指一座假山在空间立面上所呈现出来的平、曲、凹、凸、虚、实等观赏质感。

立面设计切忌铜墙铁壁式的平直，而应该利用石块的大小、纹理、凹凸及洞壑等显示出明暗对比。正如清代沈宗骞《芥舟学画编》卷一“作法”中所云：

“而其凹处，天光所不到，石之纹理晦暗而色黑；至其凸处，承受天光，非无纹理，因其明亮而色常浅。”

比如，苏州耦园黄石叠砌的临水石壁，用横竖石块，大小相间，凹凸错杂，其与真山无异；而太湖石假山则应用大小石块钩带成涡、洞、皱纹等。

同时，叠石应以大块为主，以小块为辅，石与石之间应有距离。这样可在光照下形成阴影，或利于植物生长，否则满拓灰浆，会寸草不生，了无生趣。

一般对整体立面的近山，常采取上凸、中凹、下直的手法来处理其面层结构。而如果是远山，则多用余脉坡脚，以体现“远山审其势，近山观其质”之理。

（三）线

线是指整座假山的外形轮廓线或局部层次轮廓线的综合。比如，留园中部的主山，其塑造的是平远山水中的远山景象，所以采用了水平状起伏的局部层次轮廓线，以求与辽阔弥漫的水面相协调。

留园中部假山水平状轮廓线

而环秀山庄的假山，将其主峰置于前部，利用左右的峡谷和较低峰峦作衬托，其立面从山麓到山顶，设计成若干条由低到高的斜向轮廓线，由东向西，犹如山脉奔注，忽然断为悬崖峭壁，止于池边，似乎“处大山之麓，截溪断谷”之处，正如音乐的节奏和旋律一般，从低至强，起伏多变，直至高潮。

（四）纹

纹是指整座假山由层状结构分散到局部块体的纹理线纹，相当于绘画中的各种皴法。太湖石有溶蚀的纹理线，在设计叠山造型时，多取中国绘画中的卷云皴（用形状像卷曲的云块状皴法来表达岩石表面的纹理，所以称为“卷云皴”，如郭熙的《早春图》）。

黄石（砂岩）有岩层节理线，在设计叠山造型时，则多取中国绘画中的斧劈皴，如马远的《梅石溪凫图》中的石壁，表现的是质地坚硬、棱角分明的岩石。

第六节　园林掇山叠石

一、园林的掇山技艺

假山的叠石手法（或称“技法”），因地域不同，常将其分成北南两派，即以北京为中心的北方流派和以太湖流域为中心的江南流派。

（一）园林假山的基础工程

堆叠假山和建造房屋一样，必须先做基础，即所谓的“立基”。计成在《园冶·立基》中说：“假山之基，约大半在水中立起。先量顶之高大，才定基之浅深。掇石须知占天，围土必然占地，最忌居中，更宜散漫。”因为苏州园林的假山大多临水而筑，所以说“约大半在水中立起”。基脚的面积和深浅，则由假山山形的大小和轻重来决定。

苏州园林的假山以前采用的都是桩基，这是一种最古老的假山基础做法。《园冶·掇山》中记载：“掇山之始，桩木为先，较其短长，察乎虚实。”其原理是将桩柱的底头打到能接触到水下或弱土层下的硬土层，以形成一个人工加强的支撑层。

桩柱通常多选用柏木或杉木，因其通直且较耐水湿。桩粗一般在 10—15 厘米，桩长一般在 100—150 厘米以上不等。如做驳岸，少则三排，多则五排，排与排的间距一般在 20 厘米左右。在苏州古典园林中，凡有水际驳岸的假山，大多用杉木桩，如拙政园水边假山驳岸的杉木桩长约 150 厘米。

而北方则多用柏木桩，如北京颐和园的柏木桩长在 160—200 厘米之间。桩木顶端露出湖底十几厘米至几十厘米，其间用块石嵌紧，再用花岗岩条石压顶。条石上面再铺以毛石或自然形态的假山石，即《园冶·掇山》中所云：“立根铺以粗石，大块满盖桩头。”

条石和毛石应置于最低水位线以下，自然形态的假山石的下部亦应在水位线以下，这样不仅美观，而且也可减少桩木的腐烂，所以有的桩木能逾百年而不坏。

在假山基础上，叠置最底层的自然假山石叫作“拉底”，正如《园冶·掇山》中所说：“方堆顽夯而起，渐以皴文而加。”选用顽夯的大块山石拉底，具有坚实耐压、永久不坏的作用。同时，因为这层山石大部分在地面以下，小部分露出地表，而假山的空间变化又都立足于这一层，所以古代叠山匠师们把拉底看作叠山之本。

（二）假山山体的分层施工

当假山的基础工程结束和基石（拉底）的定位、垫平安稳后，匠师们就开始分层堆叠假山山体了。一般将假山分成基础层、中层和顶层。基石（基础层）以上到顶层以下的中层是假山造型的主要部分，它所占的体量最大，结构复杂多变，并起着接下托上、自然过渡的作用，同时又是引人玩赏的主要部分，所以其一石一式都会对假山的整体造型起着决定性的作用。

中层叠石在结构上要求平稳连贯，交错压叠，凹凸有致，并适当留空，以做到虚实变化，符合假山的整体结构和收顶造型的要求。

（三）假山的收顶

假山的收顶（也称“结顶”）体现为假山最上层轮廓和峰石的布局。因为山顶是显示山势和神韵的主要部分，也是决定整座假山重心和造型的主要部分，所以至关重要，它被认为是整座假山的魂。收顶一般分为峰、峦和平顶三种类型，尖曰峰，圆曰峦，山头平坦则曰顶。

（四）假山的镶石拼补与勾缝

在掇山叠石中，大块面的山石叠置只是在完成假山的整体框架，而使假山成为一个具有整体性的造型艺术品的细部美化和艺术加工，则很大程度上是要依靠镶石拼补与勾缝这一重要环节来完成的。

如果说假山的大块面整体堆叠，犹如绘画中的“大胆泼墨”，那么假山的镶石拼补，则像是绘画中所谓的“小心收拾”。所以假山的镶石拼补至关重要。

从前明清假山考究勾缝，常用糯米汁掺适当的石灰，捣制成浆，来作为胶结材料。现代假山勾缝所用的材料则都是水泥砂浆。勾缝要求饱满密实，收头要完整，适当留出山石缝隙。

二、园林的叠石技艺

（一）叠石理水

在江南古典园林中，理水常常和叠石相结合，正如宋代画家郭熙所言，“水以石为面”“水得山而媚”，水无石则岸无形，亦无态。因此，在园林理水上常采用浅水露矶、深水列岛的办法加以处理。

而若驳岸有级，出水流矶，或山脉奔注于池侧，略现水面，则清波拍石、水石相依，给人以一种山水林泉之乐。由于江南园林在组织园景方面多以水池为中心，所以在叠石理水上多以叠石护坡取岸为主，辅以溪涧、水口、瀑布等，给人以一种自然之美感。

拙政园叠石岸溪涧水口

1. 假山驳岸

假山驳岸，也称“叠石岸”，一般用太湖石或黄石，参照叠山原理，利用石料的形状、纹理等特点，临水叠砌成层次分明、高低错落，在立面上凹凸相间，在平面上曲线流畅自然，并能与园中假山布局相协调的自然式驳岸。

拙政园假山驳岸

网师园水平层状结构假山驳岸

2. 瀑布与汀步

这里的瀑布是指苏州古典园林中的瀑布，最早是利用屋顶的雨水，或在假山顶上设置水槽或水柜，使水宛转下泄，流注于池中，如苏州环秀山庄、狮子林等便可见瀑布。但旧时因积水有限，或仅夏季暴雨时“昙花一现”，或因水柜不常开而难见其景。

狮子林瀑布

随着造园规模的不断扩大和现代提水机械设备的应用，人工瀑布愈加形式多样、变化多端。瀑布成了叠石理水中最能体现山水之趣的点睛之笔，如狮子林瀑布。

汀步是指置于水中的步石，在园林中较为常见。一般分大小不等的二至三组山石，呈不规则布置，浮于水面。苏州环秀山庄、常熟燕园假山等均置有汀步。

3. 假山水门与石桥

园林中的叠石理水除了上述几种类型之外，还有水门、石桥等形式。

常言道:“山贵有脉，水贵有源。”所以江南的中小型园林常在水池的一角，用水口或小桥等划出一两个面积较小的水湾，或叠石成涧，以造成水源深远的感觉。

因此，水口和石桥的设置是园林布局和园林理水上的一种常用手法，以此将水面分为主次分明的若干个部分，来增加园林的层次和变化。而在水口处设置水门，也是叠石理水上的一种常用手法。

苏州的怡园用太湖石假山水门，将园内的水系划分成东西两个大小不等的水池，从而增加了景深。另外，苏州狮子林用黄石叠成了“小赤壁”假山水门。

怡园假山水门

在掇山叠石上所说的石桥是指在临水或崖岩、山涧间，用山石自然拱叠而成的假山石桥，或架空而成的石梁或置石。比如，苏州环秀山庄内的太湖石假山，在曲折幽深的山谷、涧流之上，架以飞梁式石桥，人行山中，过石梁，渡飞桥，俯瞰涧谷，更觉山势之险要峻拔，几疑身在万山之中。

狮子林“小赤壁”黄石假山水门

环秀山庄飞梁式石桥

第七节 园林假山小品

“小品”一词本为佛家用语，指佛经的略本，后被明代文人用来借指一种小型的散文。小品文无拘无束、无格无体，因小而更能集中其精神和灵魂，小中见大。

如果将园林中的假山比作恢宏的长篇巨著，那么园林中的假山小品则恰似闲雅自然的小品文。假山小品，或称“叠石小品”，是指山石用量较少，结构比较简单的一类，诸如山石散置点缀，或用来陪衬建筑、种植花木、护坡挡土的叠石。它主要起到点缀空间、美化园景的功能，使建筑、植物、园路、水系等更趋自然，更具观赏效果。

一、散置点缀

所谓的“散置点缀”就是集中于一地，将多块大小不同的山石，依照一定的地形或配景要求，攒三聚五、若断若续地自然散放或点缀。比如，苏州耦园园门的两侧，用几块太湖石进行有机的叠置，再配置黑松，从两侧来护卫园门，组成了引人入胜的门景。

耦园园门

二、山石花台

山石花台在江南园林中运用甚广。它也是古典园林中特有的一种花台形式，多见于厅前屋后、轩旁廊侧或山脚池畔。

由于江南一带雨水较多，地下水位相对较高，而一些传统名花如牡丹、芍药等性喜高爽，要求具有排水良好的土壤条件。因此，匠师们采用花台的形式，可为这些观赏植物的生长发育创造适宜的生态条件。同时，山石花台的形体小可占角，大可成山，更能和壁山相结合，以形成层次。

三、踏跺和蹲配

这是一种用山石来点缀或陪衬建筑的常用手法，其主要目的是丰富建筑的立面，强调建筑的出入口。

由于我国的园林建筑大多筑于台基之上，内高而外低，这样建筑的出入口就需要用台阶来作为室内外上下的衔接部分。一般建筑物常采用整形的石阶，而园林建筑则常用自然山石来替代条石台阶，叠砌成自然式的踏跺，俗称“假山踏步”，雅称“如意踏跺”，含平缓舒坦、吉祥如意之意。

狮子林自然式踏跺

山石的每一级应叠砌平整，其形式常做成荷叶状，并在下坡方向设置2%左右的倾斜度，以免积水。

蹲配是常和踏跺配合使用的一种置石形式。它可以用来遮挡因踏跺层层叠砌而两端不易处理的侧面，同时还兼备垂带和门口对置装饰的作用。但它又不同于门口对置的石狮子等形式，在外观上可极尽山石的自然之态和高低错落变化，在组合上应注意均衡呼应的构图关系，如苏州耦园的蹲配。

耦园蹲配

四、抱角和镶隅

由于园林建筑物的墙面多成直角转折，墙角的线条比较平直和单调，所以常用山石进行包帖、美化。对于外墙角，则用山石来紧包基角墙面，以形成环抱之势，被称作“抱角”。对于内墙角，则以山石填镶其中，被称作“镶隅”。

山石抱角的选材应考虑山石与墙体接触部位的吻合，做到过渡自然，并注意石纹、石色等与建筑物台基的协调。建筑物的外墙用山石进行了包帖处理，其效果恰似建筑物坐落在自然的山岩上一般，使生硬的建筑物立面与周边的自然环境相协调、和谐，如苏州网师园的抱角。

在墙内角用山石填墙隅时，一般以自然山石叠砌成角隅的花台式样为多，这在江南园林中常常能见到，如苏州网师园琴室前庭中的镶隅。

五、粉壁置石

粉壁置石是以粉墙为背景，用太湖石或黄石等其他石种叠置的小品石景，这是嵌壁石山中的一种特置形式。因其靠墙壁而筑，所以也被称作“壁山”。《园冶》云：“峭壁山者，靠壁理也。藉以粉壁为纸，以石为绘也。理者相石皴纹，仿古人笔意，植黄山松柏、古梅、美竹，收之圆窗，宛然镜游也。”

这种布置一般山体较小，常用作小空间内的补景，以延伸意境，所以在江南小型园林或住宅的天井中随此可见。比如，苏州网师园琴室院落中的南侧墙面上，用太湖石进行帖墙堆叠，并与花台、植物相结合，使得整个墙面变成了一幅丰富多彩的风景画。

这种嵌壁石山应注意山体的起脚宜薄和墙面的立体留白，上部应厚悬，结顶要完整，在进行镶石拼接和勾缝处理时力求形纹通顺。

网师园琴室南墙粉壁置石

六、山石器设

山石器设，是指用山石作室内外的家具或器具。清代李渔在《闲情偶寄》卷四的“零星小石”条目中说：“贫士之家，有好石之心而无其力者，不必定作假山。一卷特立，安置有情，时时坐卧其旁，即可慰泉石膏肓之癖。若谓如拳之石亦须钱买，则此物亦能效用于人，岂徒为观瞻而设？使其平而可坐，则与椅榻同功；使其斜而可倚，则与栏杆并力；使其肩背稍平，可置香炉茗具，则又可代几案。花前月下，有此待人，又不妨于露处，则省他物运动之劳，使得久而不坏，名虽石也，而实则器矣。”

对于贫士来说，如果山石仅作清供，不免有点奢侈，所以若能将观瞻与器用兼顾，则可以实现山石的价值和功效最大化。这样既节省了材料又能耐久，可省搬出搬进之力，也不怕风吹日晒雨打，而且还能与造景等相结合，与环境相协调，随地形的起伏高低而变化布置。

器设用的山石材料，一般选用一些近似平板或方墩状的，而这些石材在假山堆叠中，只能用作基础、充填或汀步等，所以它和假山用石并不相争。但是，如果将它们用作山石几案，就会显得格外合适，可谓物尽其用。

山石器设不外乎室外与室内两种。室外器设所选用的山石材料，一般比正常家用木制家具的尺寸要略大一些，这样可与室外的空间相称。其外形力求自然，一面稍平即可。它常布置在林间空地，或有树木荫蔽的地方，这样可避免游人在憩坐时过于露晒。比如，苏州留园东园一角的一组独立布置的山石几案，它用一块不规则的长形条石作石桌面，四周置有 6 个（组）自然山石支墩，其大小、高低、体态等各不相同，却又比较均衡统一地布置于石桌四周，周边用松、竹、玉兰、海棠、牡丹、桂花等相映衬，颇具“片片祥云（桌如祥云）伴群芳”之意韵。

留园山石几案

室内山石器设，一般以假山洞室内的应用为多。其所选用的石料一般和假山的石料相同。比如，扬州个园的四季假山中的秋山——黄石假山的洞室内用黄石作器设，而太湖石假山洞室内一般常采用青石，或直接用太湖石作器设。类似的还有苏州怡园的太湖石假山慈云洞、狮子林太湖石假山洞室。另外，所选用的石料体量可适当小一些，以适应假山洞室的狭小空间。

至于李渔所说的“一卷特立，安置有情，时时坐卧其旁，即可慰泉石膏肓之癖”，在室外是为特置或立峰，著名者如苏州留园的冠云峰、上海豫园的玉玲珑等。

七、动物小品

动物小品即苏州园林中常用太湖石等拼叠而成的各种动物形象，它们或独立成景，或融汇于假山峰石之中。著名者如苏州狮子林的立雪堂前庭园，用山石组合成“狮子静观牛吃蟹”和贝氏家族的族徽三脚金蟾等，用来点缀庭园。

狮子林“狮子静观牛吃蟹”中的狮子造型

狮子林大假山中有形态不同的狮子形象的峰石，以及与佛教有关的人物形象。而九狮峰是一组由太湖石拼叠而成的大型石峰，峰体俯仰多变，玲珑多孔，介于似与不似之间的九只形态各异的狮子蹲伏其中，堪称金华帮假山的扛鼎之作。这种用太湖石模拟动物造型的叠峰有人称为“堆塑”，意为犹如用太湖石进行抽象雕塑一样。

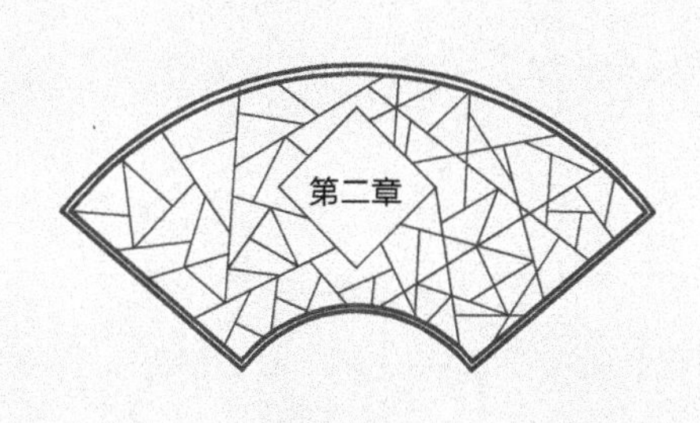

园林建筑

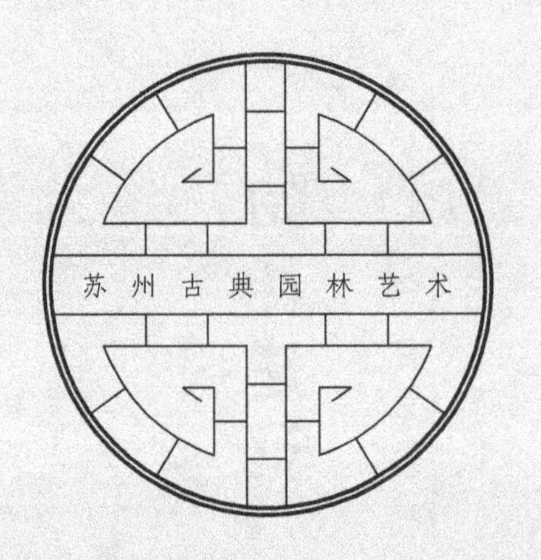
苏州古典园林艺术

第一节 园林建筑构造

中国北宋时期讲述山水画创作的重要专著，宋代画家、绘画理论家郭熙的《林泉高致》中有记载："山水有可行者，有可望者，有可游者，有可居者。"这里的游就是悠游山水、耽乐林泉，居即读书、宴饮或其他在居所内的活动。可以想见，在园林中，建筑便是这可行、可望、可游、可居中必不可少的元素。

中国的古代建筑源远流长，它以木材为主要建筑材料，从简单的个体建筑到组群布置，再到城市布局，都有一整套完善的做法和制度，从而形成了与世界上其他建筑体系完全不同的建筑风格。

一、木构架

中国建筑的主要特点是以木材为主要材料的木构架结构。中国人之所以选择木材，除了木材具有便于获取、易于搭建等方面的优势外，还因为古人认为，木材是向上生长的，是活着的树木，所以它代表着生命。在古代建筑技术中，常用夯土配合着木材，所以又称建筑为"土木"。在中国古代的五行中，土居中，主方正，并能与木配合相辅相成，寓意吉祥。而石材则是埋于地下的建材，质地近金，有肃杀之气，暗示着死亡，所以墓室大多用石材砌成。

二、间和进

中国古代建筑中，由四根柱子围合起来的空间称为"间"，横向排列的间数称"开间"，简称"间"，北方叫作"面阔"。纵向排列的间数称"进深"，简称"进"，北方以"架"（桁的数量）为单位，苏州香山帮建筑则常以"界"作为计算进深的单位，界为两桁之间的水平距离。

中国人的生活空间是以横向的长方形所隔成的三间房子为基本单元的。结合苏州沧浪亭的瑶华境界来看，在古代，中间的一间称为"堂"，因为它的前面，也就是朝南的方向开有门、户，所以又称"明间"；左右两间称为"室"，只在前面开窗的为卧室，所以又称“暗间”。这三间就形成了“一明两暗”的格局。

沧浪亭瑶华境界

间和进是构成单体建筑规模的基本单位。单体建筑在纵向上的布局，又形成院落，几排建筑也称为几进建筑，进数越多，院落越为庞大。间和进也是院落等级的象征。

中国建筑物的大小是由间的大小和多少决定的。如果三间不够，就在两边各加一间从而形成五间。再长了就会不方便，并且古代的礼制也不允许，但是可以在后面再造三间，从而形成院落。也有一些较大的单体建筑物，可以做到七间、九间，甚至是十一间。例如苏州文庙大成殿，面阔七间；北京故宫太和殿，面阔十一间。这样的建筑大多为皇权或宗教性的建筑，也就是殿的形制了。在中国封建社会，等级制度森严，建筑亦是如此，建筑物的开间越多，就代表着等级越高。在《明史·舆服志》中就有这样的规定：“庶民庐舍，洪武二十六年定制，不过三间五架，不许用斗栱、饰彩色。三十五年复申禁饬，不许造九五间数（五间九架——著者注）。房屋虽至一二十所，随其物力，但不许过三间。”因此，哪怕再有钱也只能造三间，但是可形成院落，多造几处房子。就像苏州明代的申时行，他官至首辅，祖上又是富商，在苏州的住宅有八处之多，如春晖堂就是其中之一。受到间数限制的往往是民宅，而像北京故宫的太和殿、太庙大殿这类皇家建筑物，开间则有十一间之多，而且屋顶都是四面坡顶，也就是庑殿顶，如果再用上黄色的琉璃瓦，那就是最高的等级了。

苏州文庙大成殿

三、三段式

中国古代的建筑常被称作“三段式”建筑，即纵向上由三段组合而成，分为下面长方形的台基、中间垂直柱列的木架和上面的三角形屋顶。这种三段式建筑，中国古人往往用天、地、人的观念来理解它，即屋顶为天，台基为地，柱列为人。比如，在苏州园林中，亭台楼阁都是建在安稳的台基上，安稳是所有建筑物的基础要求。柱子立在台基上，再用粉白的砖砌或木制，作槛、作栏杆，显得敦厚而踏实。而建筑物收顶所形成的屋顶，已经不能再承受物件，从而成为视觉的终点，这也是人们的关注点往往在屋顶的原因。

（一）台基

《墨子》曰："宫高足以辟润湿。"春秋战国时期的墨翟认为，台基的功能是用来防潮湿的，这里道出了它的实用功能。台基和开间一样，也有着强烈的等级色彩。先秦时期的高台建筑是接近上苍的神台，所以《礼记》中说，周代王阶崇九尺，诸侯七尺，大夫五尺，士三尺，一般平民则不过是一尺左右。古代的台基分成须弥座台基和普通石台基两种，前者常用在宫殿、庙宇等重要建筑上，其用料讲究，雕刻华丽，并配以栏杆、台阶，有的则可以做到两三层，使建筑显得更加雄伟壮观，就像北京故宫的太和殿、中和殿和保和殿三大殿。而园林建筑常用普通的石台基，台基地面比户外要高，所以要做个台阶，以便上下，称为"踏跺"，苏州香山帮则称为"阶沿"。在园林中，这样的台阶往往采用自然山石做踏步，以配合庭院中的假山或铺地。

（二）柱子

台基上面的木构架是由柱子和梁枋组合起来的。

柱子主要用来承重，柱间可以完全灵活处理，墙壁起到围护、分隔空间的作用，所以有"墙倒屋不塌"的谚语。对于园林建筑来说，有的常常只有梁架，如亭、榭等，很少砌墙，以免遮挡风景。唐代韩愈在《渚亭》中说："莫教安四壁，面面看芙蓉。"不砌墙壁，就是为了能观赏到四周的荷花。

柱子往往不是直接安立在台基上的，而是在石础上，因为这样可以防潮。同时，为了防止雨水的侵蚀，匠师们又给柱子用涂料加以保护。各个时期的柱子和石础也各有其特点和形制，如苏州的"青石阶沿""木鼓墩"就是江南一带明代建筑的特征。

（三）屋顶

屋顶是整座房子上部的终点，也是中国古代建筑最富特色的部分，它充分运用了木构架的特点，创造了屋顶的举架和屋面的起翘，形成了如鸟翼伸展的檐角与柔和优美的曲线，正如《诗经·小雅·斯干》中"如鸟斯革，如翚斯飞"的描写。因此，屋顶并不仅仅用来解决暴雨、狂风、积雪和太阳直射的问题，之所以采用“人”字形的坡顶，还有审美方面的原因。

这些不同式样的屋顶，不仅其构建的技艺、手法差异很大，其内涵和象征也截然不同。中国古代建筑等级制度森严，尤其体现在屋顶上。等级最高的是重檐庑殿顶，一般用在重要的佛殿、皇宫的主殿上，象征尊贵，如故宫的太和殿、武当山金顶、明十三陵祾恩殿便是这种殿顶。处于等级第二位的是重檐歇山顶，常见于宫殿、园林、坛庙式建筑上，目前的古建筑中如天安门、太和门、保和殿均采用此种形式的屋顶。接下来处于等级第三、第四位的依次为单檐庑殿顶、单檐歇山顶，一般在比较重要的建筑上可见。第五、第六位分别为悬山顶、硬山顶，多以民居为主；再后是卷棚顶，主要为民间园林建筑；最后无等级的是攒尖顶，常见于亭台楼阁上。

园林建筑在基本构架的基础上，还会在一些细节上仔细雕琢，使得建筑更加活泼生动。比如，在江南园林中，因为室内做假屋顶，铺重椽，并做成各种轩，如鹤胫轩、菱角轩、海棠轩等，因而建筑形制秀美，更加富有变化。

四、斗拱

中国古典建筑三段式的基本构造中，处于柱与屋顶之间的一个构建——斗拱，是一种具有独特功能的构建，它是中国建筑特有的一种结构。在立柱和横梁交接处，从柱顶上加的一层层探出呈弓形的承重结构叫“拱”，拱与拱之间垫的方形木块叫“斗”，斗和拱合在一起，便称“斗拱”。

它是中国封建社会后期统治阶级用来作为建筑等级制度的标准之一，是统治阶级的专利，庶民是不许用斗拱的。斗拱是由若干块方木和横木垒叠在一起而形成的，主要用来支挑出深远的屋檐，并利用力学原理，把屋檐的重量集中到柱子上，因此，斗拱具有结构和装饰的双重作用。在汉代，因帝王喜仙道、好楼居，从而在多层的楼阁层间用斗拱托起平座和出檐，使楼身的立面富有变化，具有节奏感。

第二节 园林建筑的类型

建筑在苏州古典园林中具有使用与观赏的双重作用，它常与山池、花木共同组成园景，在局部景区中，还可构成风景的主题。山池是园林的骨干，但欣赏山池风景的位置，常设在建筑物内。因此，建筑不仅是休息场所，也是风景的观赏点。建筑的类型及组合方式与当时园主的生活方式有密切的关系，因而园林建筑以其数量之多与比重之大成为园林中一种突出的景观。一般中小型园林的建筑密度可高达 30％以上，如壶园、畅园、拥翠山庄；大型园林的建筑密度也多在 15％以上，如沧浪亭、留园、狮子林等。正因为如此，园林建筑的艺术处理与建筑群的组合方式，对于整个园林来说，就显得格外重要。

苏州古典园林中的建筑不但位置、形体与疏密不雷同，而且种类颇多，布置方式亦因地制宜，灵活变化。建筑类型常见的有厅、堂、轩、馆、楼、阁、榭、舫、亭、廊等。除少数亭、阁外，其他多围绕山池布置，房屋之间常用走廊串通，组成观赏路线。各类建筑除满足功能要求外，还与周围景物和谐统一，造型参差错落，虚实相间，富有变化。

一、宫与殿

宫，最早是一般房屋的通称，后来常指帝王居住的地方。殿，泛指高大的建筑物，后特指帝王的居所和朝会的地方，或者用来供奉神佛的地方。比如，北京故宫是现存最大、最完整的木结构的古建筑群，前朝的三大殿和后寝三大宫形成了“前朝后寝”的格局。东汉王延寿笔下描绘的西汉景帝之子鲁恭王所建的灵光殿，更是外观雄伟，结构精巧，殿内装饰豪华。

说到宫与殿，则不能不说中国古代宫殿建筑最典型的代表——北京故宫太和殿。太和殿，俗称“金銮殿”，是中国现存最大的木结构大殿，位于北京故宫南北主轴线的显要位置，明永乐十八年（1420）建成，当时称为奉天殿，明嘉靖四十一年（1562）改称皇极殿，清顺治二年（1645）改为太和殿，并一直沿用至今。大殿建成后屡遭焚毁，也多次重建，如今的大殿是清康熙三十四年（1695）重建后的形制。

从外形上来看，太和殿面阔十一间，进深五间，长约64米，宽37米，建筑面积2377平方米，净高26.92米，连同台基在内，通高35.05米，是紫禁城内规模最大、等级最高、体量最大的建筑。大殿建在汉白玉雕成的“工”字形须弥座上，须弥座高8.13米，三层重叠，下层台阶21级，中上两层各9级。周围设置栏杆，栏杆下安有石雕龙头，是大殿的排水系统，每逢下雨，月台积水可从龙口排出，呈现千龙吐水的奇观。

大殿前有丹陛，俗称“月台”，宽阔平坦。月台上陈设有日晷、嘉量各一个。日晷是古代的计时器，嘉量是古代的标准量器，二者都是皇权的象征。还有铜龟、铜鹤各一对，分列在月台左右，是长寿的象征；另有铜鼎18座，亦是皇权的象征。

太和殿的屋顶是等级最高的重檐庑殿顶，屋脊檐角上排列有包括骑凤仙人及鸱吻、凤、狮子、天马、海马、狎鱼、狻猊、獬豸、斗牛、行什共10个镇瓦兽，其数量和排列严格遵循规制，体现了至高无上的重要地位。

太和殿内部装饰的彩画是等级最高的和玺彩画，绘制金龙和玺。殿内铺设金砖，这金砖并不是用黄金制成的，而是苏州陆慕特制的砖，“敲之有声，断之无孔”。该砖因烧炼程序极为复杂，造价也非常高，堪比金砖。太和殿内有72根大柱支撑，明代用的是楠木，采自四川、广东、云南、贵州等地。采取这种木材十分艰难。楠木往往长在深山老林之中，官员、百姓不顾性命安危冒险进山取材，民间对此有“进山一千（人），出山五百（人）”的说法。清代重建后，改用松木，采自东北三省的深山之中。

太和殿内正中设九龙金漆宝座，宝座的两侧有6根沥粉贴金云龙图案的巨柱，直径1米，宝座前两侧有4对陈设：宝象、甪端、仙鹤和香亭。宝象象征国家的安定和政权的巩固；甪端是传说中的吉祥动物；仙鹤象征长寿；香亭寓意江山稳固。宝座上方藻井正中雕有蟠卧的巨龙，龙头下探，口中还衔有宝珠。

从功能上来说，太和殿是用来举行各种重大典礼的场所，如皇帝登基即位、皇帝大婚、册立皇后、命将出征。此外，在每年的万寿节、元旦、冬至这三大传统节日里，皇帝在此接受文武官员的朝贺，并向王公大臣赐宴。清初还曾在太和殿举行新进士的殿试，乾隆五十四年（1789）开始，改在保和殿举行，而由皇帝宣布登第进士名次的典礼，即“传胪”仪式，仍在太和殿举行。

以上描述的是中国最具代表性的宫殿建筑——故宫太和殿。下面再来看看苏州最具代表性的宫殿建筑——文庙大成殿。

苏州文庙是北宋名臣范仲淹于景祐二年（1035）创建的，迄今已近千年，现位于苏州市人民路。文庙是庙学合一的场所，清乾隆时期，尤为繁盛，在当时是仅次于曲阜孔庙的全国第二大孔庙，有“江南学府之冠”的美称。文庙现今面积仅为当时的六分之一，目前保留下来的重要建筑有棂星门、戟门、大成殿、崇圣祠等。文庙内现建有苏州碑刻博物馆，馆内有“天、地、人、城”四大宋碑，即《天文图》碑、《地理图》碑、《帝王绍运图》碑和《平江图》碑。

苏州碑刻博物馆

大成殿是苏州文庙的主体建筑，面阔七间，进深六间，约600平方米。殿内有50根珍贵的金丝楠木柱，为全国罕见。目前的大成殿建于南宋绍兴十一年（1141），后又几经修缮，尤以明代苏州知府况钟重修最为重要，秉承“修旧如旧”原则，梁架结构、斗拱、龙吻等都保留宋代风格。

大成殿建筑等级极高，屋顶为重檐庑殿顶，屋脊两端的龙吻高达2米多，脊中泥塑“团龙吐水”直径达1.5米，屋顶4个戗脊也塑有脊兽和镇瓦神兽，是苏州现存最完整、等级最高的古建筑。大成殿正门重檐下的“大成门”门匾，高3米，宽2.2米，蓝底金字，雕刻精美。“大成门”三字为清雍正皇帝书写，气势浑厚。

苏州文庙大成殿“大成门”门匾

二、厅与堂

现今的厅堂大约源于古代的明堂，旧时绍兴民间就将大住宅的大厅称为“明堂”，将堆土形成的台上所建的屋子称为“台门”。厅堂是最重要的建筑类型，在园林中，它是主体建筑，是园主进行各种活动，如宴请宾客、家族团聚、婚丧礼仪等的主要场所。明代计成在《园冶》中说，“凡园圃立基，定厅堂为主”，古人还认为“奠一园之势者，莫如堂”，由此可见，厅、堂位置的确定均要再三推敲斟酌。厅、堂一般均位于离园林大门不远的主要线路上，是园内佳景的理想观赏点。

厅和堂比较容易混淆，从结构上来分，用长方形木料做梁架的一般称为“厅”，用圆木料的称为“堂”。“厅者，取以听事也。”听事就是处理政事。“堂者，当也。谓当正向阳之屋，以取堂堂高显之义。”厅堂原本都是官府办事的地方，后来常被用来指私人宅第的大厅。

园林中的厅堂又有大厅、四面厅、鸳鸯厅、花厅、荷花厅、花篮厅、贡式厅等之分。以下结合苏州园林中的实例，来介绍这些厅堂的部分类型。

（一）大厅

大厅是园林住宅中开间最多的主体建筑。大厅的屋顶也大多是“人”字形的两面坡，如苏州留园中的五峰仙馆、网师园的大厅；面阔都是五间，面临庭院的一边，在柱子之间安置连续长窗（隔扇）；两侧墙上，有的为了组景、通风和采光，往往也开窗，既满足了通风采光的要求，又成为很好的取景框，构成活的画面。

五峰仙馆是留园东部最具代表性的厅堂。它高大宽敞，装修精美，陈设古雅，素有“江南第一厅堂”的美誉。

留园五峰仙馆

它之所以得名“五峰仙馆”，是源于李白的诗句“庐山东南五老峰，青天削出金芙蓉”。五峰仙馆南面庭院中的湖石假山，正是按照庐山五老峰的意境来堆建的，其间有五个山头，暗喻“五峰”。在古人心中，庐山是归隐和成仙得道的好地方，所以这馆名自然少不了一个“仙”字。而且更妙的是，门口通往五峰的，并非是修葺平整的台阶，而是一小组低矮的湖石，顿时营造出了一种站在山间遥望五峰的意境。

留园五峰仙馆前湖石假山

五峰仙馆面阔五间，建筑体量非常大。它是园主用来举行重大宴饮及婚丧寿喜活动的场所，大厅的中后部用屏门、纱槅和飞罩等将大厅隔成了南北两个部分。南面，宽敞明亮，座椅按规制严格摆放，是主人宴请男宾之处。而北面则相对局促，专为女眷而辟。大厅中众多的家具又将正厅的空间分隔成为明间、次间和稍间等部分，这样的空间分布较一般的江南厅堂更加错综复杂，典雅繁美。

这样大的厅堂，为什么没有像一般的老房子那样，让人感觉阴暗、压抑甚至还有点阴森森的呢？原来，园主在仙馆东西面的墙上分别设了一系列开合大、装饰精雅的窗户，它不仅把窗外庭院的风景框了进来，还在很大程度上拓展了厅堂的视觉空间，保证了建筑充分的光线。因此，当我们走进五峰仙馆时，会感觉宽敞明亮，宏丽大气。

五峰仙馆的建筑用材非常奢华，梁柱全部采用楠木，所以五峰仙馆又被称作“楠木殿”。大厅中间全部采用的是红木银杏纱槅屏风。屏风上刻的是王羲之《兰亭序》全文。而这纱槅中又嵌有彩色窗心画，画的材质不是纸张，而是昂贵的绢帛。如此贵重的木材，如此奢华的书画材料，再加上充满着浓厚艺术氛围的装饰陈设，在江南园林中堪称一流了。

留园五峰仙馆银杏纱槅屏风

五峰仙馆最为绝妙的一处在大厅北侧一角，是一块圆形大理石座屏，它直径达 1.4 米，在全国都蔚为罕见。石面纹理色彩构成了一幅天然水墨画，尤为令人称奇的是石面左上方这天然的“朦胧月”，给人以“雨后静观山”的意境。这块大理石和太湖石精品冠云峰及冠云楼中的鱼化石通常被俗称为“留园三宝”。

留园大理石座屏

在五峰仙馆这一处厅堂中，有宽敞的空间和规整的布局，有精致奢华的装饰陈列，还有犹如仙境一般的山石美景，诗意朦胧，这不正是一个理想的生活空间吗？五峰仙馆不仅是江南的第一厅堂，也是古人和今人理想的地上仙宫、人间仙境。

（二）四面厅

为了四面观景的需要，四面厅的周围通常会绕以回廊，柱子之间设置长窗，不砌墙壁，廊柱间设靠栏，供人休憩。如苏州拙政园的远香堂，它是拙政园中部的主体建筑，建在若墅堂的旧址上。堂名因荷而得，取自宋代周敦颐《爱莲说》中“香远益清”的意境。

远香堂的平面为矩形。四周开有一系列落地长窗，这一四周为窗的做法在古典园林营造学上称为“落地明罩”，能使厅堂内非常空透，方便四面赏景。以下一同来欣赏这四周如画的景色。

在远香堂的南面，有一泓清池，其间用清雅的花砖铺地，池边栽种几株广玉兰。池上有一座小桥，跨水而去，可通向对岸的黄石假山和曲廊。坐在厅中往南望去，眼前便是一幅自然的古木竹石小景，好不惬意！

拙政园远香堂

远香堂的北面是临水的大月台，游人到了这里，眼前才豁然开朗。最引人注目的是隔着池水一东一西的两座岛山。山下水面开阔，夏日的时候是满池荷花，清香四溢。著名书法家蒋吟秋曾有一首七绝诗赞美道："拙政名园好景多，池塘屈曲漾清波。远香堂外清如画，四面凉风万柄荷。"写的便是这眼前的荷景。

远香堂的西面是一带曲廊和倚玉轩。小轩其实是远香堂的副厅，同样也面水，它的歇山顶的山花与主厅的山花一直一横，形成动人的曲线轮廓。从远香堂北的大月台可以直接进入小轩，这两座建筑的组合主要是为了满足园主在园内举行集会或宴客的使用要求，而同时又考虑了景点的需要。

远香堂的东边是一座假山，山势奇峭，盘曲有致，山巅有座小亭，叫作“绣绮亭”，它的造型极为精美，可谓是亭如其名。此外，小亭与远香堂一高一下，互对互借，使远香堂成为这一风景空间中名副其实的中心。

拙政园绣绮亭

远香堂四面皆佳景，同时又是文人墨客游园的必到之处。因此，题对楹联等文化景致也非常集中。这些联文大多为清代的文坛名士所题，既抒情写景，又追溯历史、议论古今，是游园赏景、发掘古典园林文化意味时不可缺少的佐助。

（三）花厅

《扬州画舫录》中有这样一段文字：“以花命名如梅花厅、荷花厅、桂花厅、牡丹厅、芍药厅；若玉兰以房名，藤花以榭名，各从其类。”花厅主要供起居、生活或兼作会客之用，大多接近住宅。厅前庭院中多布置奇花异草，创造出情意幽深的环境，如拙政园的玉兰堂、怡园的梅花厅、玉兰堂的玉兰厅、留园的涵碧山房等。苏州古典园林中的花厅，它的南面常常是一个闭合或半闭合的庭院空间，种植各种特色花木，适合冬天活动；它的北面则常常设有露台和荷花池，适合夏天纳凉和观景。在花厅中还有一类，叫作“荷花亭”，多为临水建筑，厅前有宽敞的平台，与园中水体组成重要的景观，如苏州怡园的藕香榭、留园的涵碧山房等都属于这种类型。

怡园藕香榭

留园涵碧山房

（四）鸳鸯厅

鸳鸯厅在建筑上的一般特点是：从外面看是一个大屋顶，但是在厅内，用隔扇、落地窗、屏门等把厅堂分割成形态相同的前后两个相对独立的区域，以便不同季节使用；两个区域的梁柱、铺地及家具布置均有明显的不同，所以称为“鸳鸯厅”。比如，留园的林泉耆硕之馆，它面阔五间，单檐歇山顶，建筑的外形比较简洁、朴素、大方。厅内以屏风、落地罩、纱槅将厅分为前后两部分，主要一面向北，大木梁架用方料，并有雕刻；向南一面为圆料，没有雕刻。整个室内装饰陈设雅静而又显富贵。南厅题匾“奇石寿太古”，北厅题匾“林泉耆硕之馆”。林泉，指山林泉石，游憩之地；耆，指高年；硕，指有名望的人。从此馆命名中可以看出，这里原是隐逸高士的聚会之处，具有浓郁的书卷气。

留园鸳鸯厅的林泉耆硕之馆

（五）花篮厅

花篮厅的特点是步柱不落地，代以垂莲柱，也叫作“荷花柱”，柱端雕饰成花篮，所以称“花篮厅”。花篮内可以插花枝，如狮子林水壂风来；也有将柱头雕成狮兽之类的。花篮厅的梁架多用方木，不用圆料。

狮子林水壂风来内部花篮步柱

（六）船厅

船厅是将陆地环境中的厅堂做成船舱式样的一种厅堂形式，给人一种水居的意趣。苏州香山帮则把回顶的称作“船厅”，如果是用圆料的则称“卷篷”。在造园上，船厅是陆地行舟、旱园水做的一种方法，如扬州寄啸山庄的船厅，厅似船形，庭院中的铺地以瓦片、鹅卵石等铺成水波纹状，也可谓匠心独运。厅内的楹联“月作主人梅作客，花为四壁船为家”，则点出了主人的情趣。其他的还有怡园的白石精舍石舫、虎丘拥翠山庄的不波艇等，都为船厅形制。

怡园白石精舍石舫

三、馆与轩、斋与室

馆与轩、斋与室也是厅堂一类的建筑，只是有时置于次要位置，以作为观赏性的小建筑。

（一）馆

《园冶》中云："散居之居曰馆。"散居就是指不固定的、临时的居所。如留园的清风池馆，这是一个向西敞开的水榭，园主刘氏称为"垂杨池馆"，盛氏时改名为"清风池馆"，取《诗经》中"吉甫作颂，穆如清风"，以及宋苏东坡《赤壁赋》中"清风徐来，水波不兴"之意来命名。清风池馆内的匾额曾为"清风起兮池馆凉"。

留园清风池馆

站在清风池馆，举目四望，山水相宜。远处山林中有可亭、闻木樨香轩和明瑟楼，山池景色历历在目。近处与小蓬莱、濠濮亭构成一个小小的水院，周围的楼台倒映在明净的池水中，显得宁静而幽雅。

馆中有对联两副，一副为“墙外春山横黛色，门前流水带花香”，另一副为“松阴满涧闲飞鹤，潭影通云暗上龙”。两联都切题点景，借景抒情，使人们产生美好的联想。

再来看看清风池馆的四周。西面临池的一侧，设置了吴王靠，北面为实墙，南墙设漏窗，漏窗的设计别出心裁，独具匠心。东侧后二界中部布置了一幅隔扇，内心部分的花纹为十字海棠图案。这“十”字有何寓意呢？“十”字象征大地上的经纬线，寓意为大地宽广。“十”字的“一横”代表东西，“一竖”代表南北，是古代人们生活中不可缺少的表示方位的图案符号。“十”字形纹样作为一种点缀图案，起到了一种转换连接的作用。这里可以说是园主刻意营造的隐秘空间。十字海棠纹屏风障在眼前，隐约可见远处廊桥，平淡无奇，然而绕过这道屏风的时候，我们会发现随着坡一步一步走下去，远处的景色逐渐展现在我们眼前，变得豁然开朗。

（二）轩

“轩式类车，取轩轩欲举之意，宜置高敞，以助胜则称。”这句话的意思是轩的式样类似古代车舆的“轩”，因为车子前面驾驶者的部位较高，所以有高敞而又居高的意思。因此，轩常建于高旷的地方或水岸边，从而有利观景。园林中轩这种建筑形式很美，但规模不及厅、堂之类，而且其位置也不同于厅、堂那样讲究中轴线对称布局，而是比较随意。当然，也有的轩处在中轴线位置上，但相对来说总是比较轻快，不甚拘束。

网师园有几处轩。竹外一枝轩，它不但两边不对称，而且做得很狭长，好像是一条廊。此建筑的取名比较特别，它来自苏轼的《和秦太虚梅花》中的诗句：“江头千树春欲暗，竹外一枝斜更好。”这座小轩临水而建，显得玲珑空透。小山丛桂轩，位于园子的南部，此名取自《楚辞·小山招隐》中“桂树丛生山之阿”和庾信的《枯树赋》中“小山则丛桂留人”。顾名思义，这里有桂花数丛。再看松读画轩，位于园子的西北部，取这名字，是由于轩前种植有松柏，姿态

网师园竹外一枝轩

奇特古怪，又很入画。此景可谓“立体的画”。

耦园的无俗韵轩面阔三间，面北而建。南面墙壁上有一排花窗，在阳光的照耀下，无俗韵轩在冰裂纹窗花的阴影里更显得独具一格。推窗望去，绿荫遍地，花香鸟飞，耦园南部的盆景小园正好在窗框之中，成为一道迷人的框景。窗外之景，仿佛是轩中之画，园中之花也成了画中之花，这大概就是无俗韵轩独有的一番韵味吧。轩内上方匾额是由书法家苏局仙所书，苏氏是清末秀才。匾旁有清代何绍基所作银杏硬对楹联一副：“园林到日酒初熟，庭户开时月正圆。”轩东墙的花窗外围，是砖刻隶书对联“耦园住佳耦，城曲筑诗城”，横额“枕波双隐”，据说是女主人严永华亲自撰写的。从此联可以得知，当年隐居在这里的沈秉成、严永华夫妇十分恩爱，伉俪情深，远离世俗，在园中形影相随，吟诗唱和。“枕波”二字取自《水经注》“凭墉籍祖，高观枕流”，“枕流”是文人归隐山林的隐喻，“枕波”即为“枕流”的意思。无俗韵轩因此又得名为“枕波轩”。游人通常只记住“枕波轩”名，而忘了轩原本的名字，想来都是偏爱沈氏夫妇一往情深的缘故吧。无俗韵轩当年曾是园主的小型会客场所，是沈秉成、严永华夫妇和他们的知己好友品茗小叙、谈诗论画的地方。

耦园无俗韵轩

耦园砖刻隶书对联及横额

（三）斋

《说文解字》："斋，戒洁也。""斋"原来的意思是祭祀前或举行典礼前的清心洁身，而在园林中，"斋"常常是指读书、休息或静心养性、斋戒反省的房舍，如苏州耦园的还砚斋是书斋，北京北海的静心斋则是慈禧夏天静心避暑的地方。

耦园的还砚斋是园主的书房。这里原有俞樾的篆书题匾，并有款识曰："东甫先生（名炳震）为吾郡老辈，生平致力于经学、史学、小学，实为乾嘉学派导其先河，暮年所用一砚，曰洮砚，久已失之，今复为其元孙仲复廉访所得，因以名斋。"原来，斋名是因玄祖东甫先生失砚而后由其元孙沈秉成（字仲复）复得这样一个故事而来。

斋内银杏木的地罩将斋一分为二。书斋内陈设雅致，都是按照书房来进行布局的。里间有一张宽大的红木书桌，砚台旁的瓷制笔筒内插有粗细不同的毛笔若干。外间有红木竹节四仙桌一张，靠椅四把，为书友小憩时所用。整套桌椅做工十分精巧，桌角和靠椅均刻有竹节，桌面为具有天然图案的瘿木所制，而椅面为藤编，这种式样其实是非常罕见的。书斋内外两间墙壁上都悬有挂屏，外间四幅为红木大理石挂屏，里间四幅为银杏木字画瓷屏。江南气候温湿，庭园更是如此，建筑大多敞开厅门，悬挂纸质画轴则容易发霉变色，所以苏州古典园林中的画多用大理石和烧瓷配上上好的木制镜框张挂在厅堂之上。

耦园还砚斋

还砚斋面对望月亭与受月池，环境十分幽静，确实是典型的读书佳处。还砚斋的楼上是双照楼，它三面临窗，视野开阔，据说可观赏日月双照。双照楼历来也是苏州文人雅集的地方。

网师园的集虚斋实际是一座二层小楼。集虚斋指的是楼的底层，是园主修身养性并读书的场所。“集虚”出自《庄子·人间世》中“惟通集虚，虚者，心斋也”，就是说必须心志统一，排除杂念。在斋中读书，去除尘世烦嚣，心境澄澈明净，休闲自得，展示出清雅超逸之美。集虚斋室内陈设雅致，有很多以竹为题的书画作品。斋中间屏门后有一个楼梯可供登楼，二楼据传为旧时的“小姐楼”，即当时的闺阁绣楼。楼上朝南有外廊，可凭栏俯视园中山水全景。当年中国、新加坡两国政府就苏州工业园区的合作项目从 1992 年 4 月 15 日至 1994 年 2 月 21 日的近 10 次谈判都在集虚斋“小姐楼”上进行。

（四）室

中国古代的宫室，前屋是堂，后屋是室，室是建筑物的里间或稍间，在《论语》中，孔子说他的学生子由的学问“升堂矣，未入于室也”。古代人先进门，再升堂，最后到室内，这是孔子对做学问的几个阶段的比喻，“登堂入室”的成语也由此而来。清代乾隆年间的李斗在《扬州画舫录》中说：“正寝曰堂，堂奥为室……又岩穴为室。”说明室是深藏而不显露的。

狮子林的卧云室其实是座楼阁，但因它藏卧在犹如白云朵朵的太湖石云海中，故以“岩穴为室”了。在大假山中穿行，或在山外向山里观望，总可看到山中有飞檐高翘，这便是卧云室的屋顶。但在山上看不清到底从哪条山道可以到达，其实从燕誉堂北廊西门穿山洞再往西走，就可以看到通往卧云室的捷径了。

卧云室为假山环抱中的方形楼阁。从南面看，屋顶是横脊极短的歇山式；从北面看，楼阁向外凸出。抱厦内是楼梯，抱厦的屋顶是半个四方攒尖顶。两种形式的屋顶连接在一起，造成奇特的外观，即每层屋面内有六只飞角，这种形制的屋顶其实是非常少见的。

狮子林卧云室

卧云室的周围环境幽雅，四周绿树环抱，眼前山势隆起，好似城市中的世外桃源，还真有一番“人道我居城市里，我疑身在万山中”的感觉呢。

四、楼与阁

（一）楼

《说文解字》中说“重屋曰楼”。楼的起源，主要是由先秦的高台建筑发展起来的，汉武帝时的方士公孙卿曾禀告汉武帝说：“仙人好楼居。”于是筑通天台，以招仙人来。汉代是一个神仙信仰很浓的朝代，升仙和仙界常常是明器、画像砖等器物上面表现的内容，这一点从大量出土的汉墓明器中就可得知。楼是从东汉以后才开始流行起来的，从此，楼、阁成了人们生活中最广泛的建筑形式之一。楼可以登高望远，情怀四海，也可以像苏东坡那样：“赖有高楼能聚远，一时收拾与闲人。”而对于郁郁不得意的，就像汉代的梁竦那样，登高望远会有“大丈夫居世，生当封侯，死当庙食。如其不然，闲居可以养志，《诗》《书》足以自娱”的感慨。这又是进可建功立业，退可读书养志的典型。

楼的平面一般是狭长形的，也可曲折延伸；立面在二层以上。园林中的楼有居住、读书、宴客、观赏等多种功能，常布置在园林中的高地、水边或建筑群附近。

在苏州古典园林中，楼通常为两层，大多设在山水之间，上层高度为下层的十分之七左右，体量往往比厅、堂小，大小根据需要和所处的环境而定，面阔多为三间或五间，偶见四间、三间半，或一间半带走廊的，进深多至六界，屋顶常作歇山顶或硬山顶。楼的位置多坐落在园的四周或半山半水之间，造型富有变化。楼的底层跟厅堂相似，两侧多砌山墙，或辟洞门、空窗，或筑砖框漏花窗。楼梯可设在屋内，或从室外假山上盘旋登楼，也有在楼的两侧分别加设楼梯间的，但大多比较隐蔽。

“欲穷千里目，更上一层楼。”这一脍炙人口的诗句，点出了楼在园林中的特殊地位和重要功能。由于楼在体量、高度等方面常常超过周围的建筑物，所以很自然地成为园中的主景。下面介绍几处具体的实例。

苏州拙政园的见山楼，底层为一水榭，名“藕香榭”，三面环水，一侧与曲桥相连，另一侧与廊桥相接，底层环设吴王靠。上层为见山楼，原名“梦隐楼”，可由爬山廊或假山石级登及。重檐歇山卷棚顶，粉墙黛瓦，色彩淡雅，楼上有明瓦窗，清新古朴。相传此楼为太平天国忠王李秀成的办公之所，那时苏州城内没有如今的高楼大厦，或许登临此楼真能遥见郊外山色。

拙政园见山楼

留园的明瑟楼，是中部水池南面的主体建筑，体量非常高大。底层名为“恰航”，与涵碧山房相连，形成一组高低错落、形制各异、酷似画舫的建筑，可谓极为巧妙。二楼名为“明瑟”，出自《水经注》中“目对鱼鸟，水木明瑟”。室内不设楼梯，而是在楼外北面小院内堆叠湖石假山踏步，以供游人从楼外登楼。踏步旁有一座峰石，刻有“一梯云”三个字，“梯云”，即以云为梯之意。楼梯墙面上有“饱云”二字砖匾，为董其昌所书。

留园明瑟楼

留园“一梯云”峰石

沧浪亭的看山楼，为清道光年间江苏巡抚陶澍所建，取“有客归谋酒，无言卧看山”的诗句为名。楼为重檐歇山顶，飞檐翘角，上下两层，结构精巧。楼筑在园南面的假山洞顶上，显得高旷清爽，以假山石级作为楼梯，还设置了爬山走廊。人们在风雨交加、严寒酷暑时上下，可免受雨淋日晒之苦。因此，它成为苏州园林中最为别致的一座楼房。原来在这里可以远眺苏州城外西南诸峰，但现在由于近处高楼遮挡，看山之意已荡然无存。沧浪亭在以复廊近借园前之水的同时，又以看山楼远借园外之山，这在苏州古典园林中实属难得。

沧浪亭看山楼

留园的冠云楼，与其周围的亭台楼阁一样，皆因冠云峰而得名。它位于冠云峰的北面，坐北朝南，由主楼和两侧配楼组合而成。楼下署匾“仙苑停云”，盛氏时楼署匾“云满峰头月满天”。如今正中壁上嵌有留园三宝之一的古代鱼化石一方。上二楼，可由西配楼登梯而上，或由东配楼外湖石堆叠而成的踏步而上，颇有意趣。冠云楼常作为冠云峰的背景，衬托冠云峰的身姿，如今也是向游客开放的茶室。游客登楼品茶的同时，也可远眺园外景色。

留园冠云楼

留园“仙苑停云”匾

（二）阁

《园冶》中曰："阁者，四阿开四牖。"也就是说，阁的四面是开窗的。它的外形像楼，而构造又像亭，一般平面多是方形或多边形的，攒尖顶，每层都设挑出的平坐等。阁常为多层，如颐和园的佛香阁为八面三层四重檐，高达41米，其下部砌有一座20余米高的大石台基，沿台基的四周建了一圈低矮的游廊作为陪衬，是整个颐和园园林建筑的构图中心。

苏州园林中的阁形式多样，如拙政园的浮翠阁是重檐八角攒尖顶，又如留园的远翠阁，平面方形，重檐歇山顶。此外，还有临水而建的水阁等。

拙政园的浮翠阁，重檐八角攒尖顶，位于拙政园西部的土山上，山上林木茂密，绿草如茵，如同浮动于一片翠绿浓荫之上，因而得名"浮翠阁"。登阁眺望四周，但见山清水秀，满园青翠，一派生机盎然的景象，令人赏心悦目，心旷神怡。

拙政园浮翠阁

留园的远翠阁，位于园子的北部，坐北面南，为两层楼阁，重檐歇山顶，西、南、东三面回廊环绕。底层叫作"自在处"，意思为"水刷石心得自在"。二层便是远翠阁，用明瓦，也就是贝壳磨成的小方块，避风雨、采光，保留了传统的形式，现在这种形式已不多见。刘氏时曾叫作"空翠"，后来改名"含青楼"。盛氏时取名"远翠阁"，取唐代方干的诗句"前山含远翠，罗列在窗中"。远翠阁上层宜远眺，下层可近观，阁前正面置有青石牡丹花台，为明代遗物。楼外东南侧有湖石一峰，叫作"朵云"。

留园远翠阁

苏州古典园林内的楼、阁就是这样和山水、花木结合起来，创造出千姿百态、赏心悦目的景观。

五、榭与舫

（一）榭

《园冶》中云："榭者，藉也。藉景而成者也。或水边，或花畔，制亦随态。"也就是说，榭多半是借周边的景色而构成的建筑，一般在水边筑平台，平台周围有矮栏杆，屋顶通常用卷棚歇山式，檐角低平，显得十分简洁大方。比如，拙政园的芙蓉榭，它的功用以观赏为主，又可作休息的场所。

芙蓉榭是典型的水榭，卷棚歇山顶，一半建在岸上，一半石梁挑出建在水面上，秀美倩巧，玲珑剔透。榭一般面水，两面开门洞而不上门，侧面墙上有窗，因为是欣赏水面景观，特别是夜色月影的场所，故称"水榭"。这里芙蓉榭的取名源自水中遍植的荷花，荷花自古就有"水芙蓉"的美称。如果从芙蓉榭的东面看花园，巨大的落地圆光罩把蜿蜒的溪水、曲折的石桥、夹岸的绿树全部引入人们的视线，从而形成一幅自然的风景画，构成一幅成功的框景作品。再来看水榭临水的一面，门框上安装的是方形的落地罩，与圆光罩相对应。在同一视线上，运用相对平衡原则，方圆变化，产生一种耐人寻味的审美意味。如果说在水榭东面，我们领略到的主要是自然秀色，那么站在西面，在正对水榭的曲桥上时，就可以看见在高大的云墙的衬托下、在桃花绿柳掩映下的芙蓉榭建筑本身的优雅了。

拙政园芙蓉榭

怡园的藕香榭是怡园的主厅，也是鸳鸯厅。厅北为藕香榭，也称“荷花厅”，临池而筑，榭名取自杜甫的“疏树空云色，茵陈春藕香”诗句，盛夏时游人可在平台赏荷观鱼。室内陈列黄杨、楠木树根桌椅，一半天然，一半人工；窗棂外形优美，造型与构图极具特色，因为窗比较大，因而窗外美景极易映入眼帘，是园中观景的佳处。厅南是锄月轩，与一片梅花园紧紧相连，严冬经暖阁可寻梅望雪，故也称“梅花厅”，取宋刘翰《种梅》中的“惆怅后庭风味薄，自锄明月种梅花”的寓意，明示了主人的归隐之心。轩中“梅花厅事”匾下刻有《怡园记》全文。

怡园藕香榭

怡园梅花厅

（二）舫

园林中的船形建筑，筑在水中的叫“石舫”，筑在陆地上的叫“船厅”，建于水边的叫“旱船”。旱船的前半部多是三面临水，有如置身舟楫之感。船首设平板桥，颇具跳板之意。船头有眺台，作赏景之用。舫体部分通常采用石块砌筑，以供人游赏、宴饮及观景、点景。尾部有楼梯，分作两层，下实上虚。园林中的船形建筑又称“不系舟”，就像江湖上漂浮的一叶小舟，以表达一种隐居江湖的意趣。在庄子的眼中，“巧者劳而知者忧，无能者无所求，饱食而遨游，泛若不系之舟，虚而遨游者也”（《庄子·列御寇》）。也就是说，技艺好的人易劳累，聪明的人多忧患，还不如无能者，因为没什么追求，填饱肚子，像没有被缆绳拴住的船，就能自由自在地遨游了。园林中的舫，便是一叶“不系之舟”。江中一叶小舟，一向为文人雅士隐逸山林湖泊的象征，园中的舫正符合了他们归隐后追求不受羁绊、自由自在的心理需求。

拙政园的标志性建筑之一——香洲，临水而建，三面环水，一面靠岸，外形如停泊靠岸的楼船。它在苏州园林众多的船舫形建筑中是最具代表性的。

拙政园香洲

先来看它的命名。香洲，一个富有诗意的名字，它出自唐代徐坚《棹歌行》的诗句“香飘杜若洲”，典故出自屈原笔下的《楚辞·九歌·湘君》“采芳洲兮杜若，将以遗兮下女”。古时人们常以香草来比喻品行高洁的人，这里以荷花来寓意香草，一语双关，寄托了园主高洁的情怀。

再来看它的造型。它的外形既似古代的官船，又糅合了亭、台、楼、阁、轩五种建筑形式，整体线条柔和起伏，比例大小得当，船头亭台开敞通畅，船舱两侧的窗户则是半开半合、半明半暗，后面一堵白墙与前舱形成明暗虚实的鲜明对比。小小香洲之上，各色建筑一应俱全，既合为整体，又各具特色，让人百看不厌。

下面再登上香洲去一探究竟。走过三块条石组成的跳板，就能登临船头眺望了。四周开敞明亮，水面波光粼粼，微风吹来，荷花摇曳，恰似泛舟荡漾，仿佛真的坐在船头，在荷花丛中穿行，游人甚至可以想象伸出手去，触碰清波，这静止的建筑仿佛真的动了起来。再走进船舱，眼前的这面镜子巧妙地将对面景致纳入镜中，仿佛船舱中另有一个花园，无形之中放大了船舱局促的空间，拓展了有限的进深，如此虚实相济，也饶有趣味。

香洲，不仅建筑手法典雅精巧，引人入胜，它还寄托了文人的审美情趣和心理追求。李白在其《宣州谢朓楼饯别校书叔云》中写道：“人生在世不称意，明朝散发弄扁舟。”历经宦海沉浮的士大夫们渴望全身而退，与人相忘于江湖，把自己的隐退生活变成不系之舟那样自由自在。在这香洲之上，也许就能实现，既可以风花雪月、低吟浅唱，又可以远离尘世、清高自在。

下面再介绍狮子林石舫。在江南的园林里，往往有石船点缀其中，寓园主高洁、脱离尘俗、寄迹江湖之意。狮子林的石舫位于狮子林水池西北，建于民国初年，为古园林中的民国建筑。石舫其实非石质建筑，而是近代混凝土结构，系 20 世纪 20 年代最后一代园主贝润生所建。石舫四周安有 86 扇镶嵌彩色玻璃的和合窗。石舫造型逼真，细部花饰带有一些西洋风味。

舫身四面皆在水中，船首有小石板桥与池岸相通，犹如跳板。船身、梁柱、屋顶为石构，门窗、挂落、装修为木制。前舱耸起，屋顶呈弧形曲面；中舱低平，屋顶为平台。屋舱分上下二屋，有楼梯相通。在二层平台上，游人可以眺望远景。石舫上有对联一副：“柳絮池塘春暖，藕花风露宵凉。”这描述的便是池中春夏两季风景。

狮子林石舫

耦园的藤花舫则是一仿旱舫的建筑，三面有窗，便于游人观景。从舫内外望，园内花木山石满目苍翠，异常恬静优美。南窗外有紫藤一株，每到炎夏，藤荫张天，暑烦顿清，藤花舫也因此得名。舫内装帧精雅，有一红木藤面湘妃榻，与画中紫藤相映成趣。

耦园藤花舫

除此以外，退思园中的闹红一舸舫为一船舫形建筑。船头采用悬山形式，屋顶榜口稍低；船身由湖石托起，外舱地坪紧贴水面。水穿石隙，潺流不绝，仿佛航行于江海之中；船头红鱼游动，点明“闹红”之趣。退思园有两处船舫建筑，一个建在池中，另一个建在旱院中庭。在古代江南水乡，船是主要的交通工具，园林的石舫、旱船是园主寄情于水、寄情于船的象征。“水贴亭林泊醉乡”，退思园在造景上做足水文章，特别是追求宁心养神的意境，韵味隽永。在园内，相对集中地将宋代词人姜夔的一首词《念奴娇·闹红一舸》的意境融合进三处景点，其中一处便是这闹红一舸舫。“闹红一舸，记来时，尝与鸳鸯为侣。三十六陂人未到，水佩风裳无数。翠叶吹凉，玉容销酒，更洒菰蒲雨。嫣然摇动，冷香飞上诗句。”大致的意思是：荷花盛开的时候，几只鸳鸯在荷叶间嬉戏，美玉般的花朵仿佛有带着酒意消退时的微红。这座石舫似船又非船，几块太湖石又似船边浪花，碧波半浸，列坐船中，清风徐来，耳闻水声潺潺，确实会有“意象幽闲，不类人境”的感觉。

退思园闹红一舸舫

六、亭、廊、塔、幢

（一）亭

园林建筑亭台楼阁中的亭，是园林中最为常见的建筑，在中国几乎是无亭不成园，甚至园亭就是园林的别称。在园林中，它是最具游赏功能的建筑物，它的形制也最为丰富。

《园冶》中云：“亭者，停也。所以停憩游行也。”亭是停下来休息、赏景的地方，也是园林风景中的重要点缀。

亭的位置可设于山上、林中、路旁、水际，式样和大小因地制宜。亭有半亭和独立亭的区别。前者多半与走廊联系，依墙而建，故称“半亭”，如拙政园东半亭倚虹亭和西半亭别有洞天亭。独立亭大多建在池边、山巅或花木丛中，因而它的位置、形体须与环境相配合。拙政园中部的雪香云蔚亭建于山上，因山形扁平，故采取长方形平面；拙政园西部的扇面亭位于池岸向外弯曲处，因而以凸面向外；狮子林的扇子亭建于西南角地势略高处，为了便于游人凭栏眺望，也采用了凸面向外的形式。

怡园小沧浪亭

亭的平面有方形、长方形、六角形、八角形、圆形、梅花形、海棠形、扇形等类。方形亭，如拙政园的梧竹幽居亭、怡园的金粟亭等；长方形平面的，如拙政园的雪香云蔚亭、绣绮亭；六角亭，如拙政园的荷风四面亭、留园的可亭、怡园的小沧浪亭等；八角亭，如拙政园的塔影亭、西园的湖心亭等；圆形亭，如拙政园的笠亭。留园的舒啸亭则为六角平面圆顶的典型。圭形平面的，如留园的至乐亭、天平山的四仙亭；扇形平面的，如拙政园的与谁同坐轩、狮子林的扇子亭。

方形亭——怡园金粟亭

六角亭——留园可亭

八角亭——拙政园塔影亭

圆形亭——拙政园笠亭

六角平面圆顶——留园舒啸亭

圭形平面——留园至乐亭

扇形平面——狮子林扇子亭

海棠形平面的，有环秀山庄新迁建的海棠亭。此外，还有用两个方形平面组成一亭的，如天平山的白云亭。

环秀山庄海棠亭

亭的立面有单檐、重檐之分，其中以单檐居多。亭顶式样多采用歇山式或攒尖顶，宝顶式样也颇多。

中国人喜欢在山水中造个空亭，那是一种人化的自然，也是一种有“我”之境，是人和自然山川的精神交会之处，正如苏东坡在《涵虚亭》中所云：“惟有此亭无一物，坐观万景得全天。”人在亭中，可以坐观天下，这便是中国人的宇宙观。

拙政园中的梧竹幽居亭是一座融四季美景于一体，建筑风格十分独特的亭子，在苏州古典园林诸多亭中堪称孤例。

拙政园梧竹幽居亭

梧竹幽居亭的外形，呈方形，四角攒尖顶，飞檐翘角，立于池边，四周每角由 3 根立柱构成回廊，亭中四面围有粉墙，每面辟出一个月洞门，墙外为回廊。该亭构思独特，设计巧妙，造型简朴，手法简练，似亭中套亭，外方内圆，似是一种性格的表露，或是天圆地方、宇宙万物对立统一哲学的反映。

该亭取名“梧竹幽居”，据说是吴语“吾足安居”的谐音，意思是自己有这么一座幽静舒适的亭园，足以安享度日了。其实梧、竹都是至清、至幽之物，古人认为“凤凰非梧桐不栖，非竹实不食”，在先秦典籍中，凤凰是作为一种祥瑞、一位舞神出现的，它自饮自食，自歌自舞，清高到了只栖梧枝、只吃竹米的境界。同时，凤凰的出现也预示着天下安宁，它是和平的使者。当年或许正因“凤鸣岐山”，预示着周邦将要兴旺，周王朝才有了后来的百年基业。

再看四方月洞门，玲珑通透，可四面观景，近水远山如入环中；四时美景，如诗如画，映照其中。东面粉墙洁白，花窗掩映，长廊迤逦，恰似一幅冬景；西向湖光山色，红裳翠盖，密密匝匝，恰似一幅夏景；南望小桥流水人家，一从迎春在怒放，谓之春景；北面翠竹摇曳，青桐傲然，谓之秋景。一亭包揽了春、夏、秋、冬四时景色。

梧竹幽居亭其实最宜夏秋两季观赏。一是梧、竹被称为消夏良物，梧、竹相互配植，以取其鲜碧和幽静的境界，秋梧一叶知秋，竹之“凤尾森森，龙吟细细”，与秋月也最相宜，是庭院中最不可少之物。二是梧竹幽居亭外的古枫杨夏日绿幄周匝，荫浓如盖，造就了一片清凉世界。三是亭外的夏日荷池，与蓝天白云相映成趣的莲叶，有风即作飘摇之态，无风则呈袅娜之姿；而当荷花盛开，则娇艳欲滴，香远益清，真可谓消暑的绝佳妙境；自夏而秋，荷生莲蓬，蓬中结籽，亭亭玉立，也别具韵味。

亭子的正中放置一花岗岩石桌，上面悬挂着临摹文徵明体的“梧竹幽居”匾。两侧对联“爽借清风明借月，动观流水静观山”为清代赵之谦撰写，上联连用两个“借”字，点出了人与风月、与自然和谐相处的亲密之情，清风为“我”吹凉，明月为“我”照明；下联则用一动一静、一虚一实相互补充、衬托、对比，相映成趣，抒发了山水为人带来的感官、心灵上的享受和乐趣。于是，一个自然多趣、空间韵律生动、时间变化繁复而有诗意的园林环境被创造出来了。亭因获取了楹联的意境而更显隽永，楹联也因借用了直观的美景而更为传神。

（二）廊

廊是园林的脉络，是连接房屋或划分园林空间的建筑物，而且常常也是一条风景导览线。廊是一种“虚”的建筑形式，常常是一边通透，利用列柱、横楣构成一个取景框架，形成一个过渡的空间，造型别致曲折、高低错落。

廊的类型很多，像北京颐和园的长廊是两面空透的双面空廊，而苏州留园的廊则多为单面空透的半廊，一面空透以观景，另一面因为是实的墙体，所以常嵌以条形书法刻石，以作装饰。

如留园半廊上的书条石，其数量之多，达苏州古典园林之最，现存380余方历代书法作品，自魏晋的钟繇、王羲之到唐、宋、元、明、清的一百多位南派帖学诸家，可以说是无所不备，被称为“留园法帖”。

留园爬山廊

沧浪亭有一条复廊。很多游客逛园林容易忽视这条长廊，但可千万别小看它，它可位居苏州古典园林三大名廊之列。

什么叫复廊？两侧是单面空廊，中间隔了一道墙，这种形式的长廊就叫“复廊”，又叫“里外廊”。我们可以看到，整条复廊并不长，外廊连接着园外的葑溪，内廊紧靠园内的主山，高低上下，曲折自然。

沧浪亭复廊（一）

沧浪亭复廊（二）

为什么这条复廊能成为苏州古典园林三大名廊之一呢？原因就在于它的巧妙借景。在苏州现存的众多园林中，沧浪亭历史最悠久，结构也最独特，一泓清水环绕园林。沧浪亭与其他园林的不同之处就在于它是面向园外之水敞开的，不像其他园林大多是高墙深院封闭式的。在这种引水入园的开放式构造中，复廊起到了关键的借景作用，这在苏州古典园林造园艺术史上独树一帜。

复廊两侧另有一番风景。站在外廊上，眼前的这一池碧水分隔了宁静的园林与热闹的城市，隔开水面可以看到园外喧嚣的城市生活。这一池碧水见证了园林上千年的沧桑变迁，代表了园林早期“沧浪水”的主题，表达了失意文人“濯缨”“濯足”的感慨和无奈，烘托出了园主出世的恬淡和浪迹江湖的茫然。

转过身来可见隔墙上嵌有 21 幅不同图案的漏窗。漏窗用于园林，使呆板的墙面变得活泼，日照下景物若隐若现，而漏窗本身的图案，在不同的光线照射下产生了富有变化的阴影，也成为点缀园景的题材。透过这些漏窗，人们既可以欣赏到园内的景色，又能感受到园主悠闲的心境。

沧浪亭园外葑溪

内廊的一侧，山上的那个不起眼的小亭子，就是著名的沧浪亭。亭柱上刻有一副名联："清风明月本无价，近水远山皆有情。"这副对联恰如其分地描写了复廊周边的景色。园林里面依山而建的轩、亭、廊、馆以向心的布局突出了园林后期"高山仰止"的主题，是在朝做官积极入世的本能体现，而这几乎也是所有中国文人走过的心路历程。古代文人十年寒窗，苦读诗书，为的就是能金榜题名，做上大官，实现自己的远大抱负。然而入世之后，当他们遭遇到宦海沉浮，人生乱世，他们开始选择回归真实的自我本身，回归自然的原始心态，可以说，出世的智慧是一种明智的退却。

沧浪亭

沧浪亭的复廊，以其独特的建筑形式巧妙地连起了"山"与"水"两种形态、两个境界，融合了"入世"与"出世"两个既矛盾又紧密联系的主题，有着珍贵的艺术价值和深远的文化内涵。

（三）塔

苏州旧时有句流行语，叫“七塔八幢九馒头”，说的就是苏州古塔、古幢、古馒头型屋顶建筑很多。但就此俚语而言，人们已知道塔与幢并非一回事。

塔，在古代印度，是“坟冢”的意思，指为安置佛陀和舍利等物而以砖石等建造成的建筑物。它的基本构造由地宫、基座、塔身、塔刹四个部分组成。

由于塔的形制各异，常给人以遐想。比如，明代的杭州名士闻起祥曾说，西湖的两塔“雷峰如老衲，宝石如美人”，这里的雷峰、宝石分别指的是雷峰塔和保俶塔。塔也常常是园林借景的对象。比如，拙政园借景北寺塔，“刹宇隐环窗，仿佛片图小李”，这是《园冶·园说》中的句子，意思是寺塔隐在环窗之中，好像就是唐代画家李昭道（与其父李思训合称“大小李将军”）的尺幅小景画了。

拙政园借景北寺塔

（四）幢

幢，又称作“宝幢”“天幢”“法幢”等，本来是旗的一种形式。人们把书写佛号或经咒的帛称作“经幢”，刻在石上的则称“石幢”。石幢一般是圆柱形、六角形和八角形的石柱子，它由基座、幢身和幢顶三部分组成。幢身刻陀罗尼经文，基座和幢顶则雕饰花卉、云纹，以及佛、菩萨像，如苏州虎丘山千人石上的后周经幢和白莲池东的明代万历金刚经石幢。在苏州古典园林中，也常能看到一种水中的石幢，俗称“石和尚”，那是因为旧时有小孩在此落水身亡。比如，拙政园西部花园水池中便有一个，因张家淹死过一个丫头，便竖了一座“七如来”的石幢，而现在它积淀成点缀园林水池的一个小品了。

拙政园石幢

七、桥、路、墙、篱

（一）桥

桥在园林中不仅供交通运输之用，还有点饰环境、借景、障景的作用。桥不仅使水面空间层次多变，构成丰富的园林空间艺术布局，它还起到联系园林景点的作用。

一些一步即过的石板小桥，常常既是游览路线中不可缺少的构筑，又能在水面空间的层次变化中用收而为溪、放而为池的水景处理手法来丰富水系多变的意境。苏州网师园的引静桥和小曲桥就是最好的例子。

网师园引静桥

网师园是小型的宅第园林，我国著名的建筑家陈从周先生称网师园是“以少胜多”的典范。网师园占地 0.53 公顷，东面为住宅，西面为花园，花园内有一泓碧潭，叫作“彩霞池”，它是花园的心脏。彩霞池仅半亩，略呈方形，水池的东南和西北角上有水湾分别向南北延伸，使彩霞池“渺然有江湖千里之想”。网师园内的两座古桥就横卧在彩霞池的东南和西南水湾口上。

引静桥横跨在彩霞池东南角，为单孔踏步孔桥。桥全长仅2.4米，桥面宽0.7米，桥栏高0.2米，桥栏两段为书卷头，两侧刻有12枚太极图案。全桥共有8级石阶组成，中间有0.5米长的石板桥面，石板上刻有牡丹图案。桥孔高1.7米，有络石藤贴桥而挂。这是座典型的袖珍式小拱桥，为苏州古典园林中最小的拱桥，可它灵巧中不失庄重，柔和中富有刚健，游人到此大多会驻足品赏。

尺度合宜的引静桥与周围环境的构景充满了诗情画意：往东，通向园墙旁的条板冰梅小路，繁茂的木樨花藤贴墙而攀，小路在柔枝的轻抚下，经过黄石假山向北延伸；向西，通向石片山道，紧贴着重峦叠嶂的崖冈，山道顺着彩霞池岸曲折地向西舒展，引静桥下一条溪涧向南蜿蜒而去，溪涧宽仅一尺多，涧壁上刻有"槃涧"二字。引静桥沟通了小路、溪涧、山道、崖冈，将它们有机地组成了一幅山水画面。造园者巧运匠心，精心布局，利用引静桥小巧的尺度，创造了最大的景致和最高的意境。东西坐向的引静桥，打破了小路、溪涧单调的南北走向，使景致在空间上有了深度，形成了从路面到桥面的小起伏，再落到地下的山道，又有了上升到云冈的大起伏，使有限的空间跌宕起伏、变化多端。桥的袖珍体量更使云冈显得高耸突兀，柔和的线条更使山峰显得峥嵘峻拔，高雅的气质更使溪涧显得幽静深邃。小拱桥深情地俯视着回旋缠绕的碧水，仿佛是渔人在静静地等待潮涨潮落。蓦然回首，彩霞池碧波浩渺，那种"渔隐"避世脱俗的意境，那种高山空谷的画情，不由得令人拍案叫绝——自然山水的形式美已升华到诗情画意的意境美。桥与水面、崖冈、高墙、溪涧形成的静与动、柔与刚、小与大的对比，最大限度地展现了网师园"以小见大"的造园风采。

在彩霞池西北角的水湾上，又架着网师园内的另一座小桥——平板小曲桥。曲桥三折，全长8米，桥面由4根花岗岩条石拼铺而成。桥面宽约1米，两旁的栏杆亦由花岗岩条石搭建，与桥面风格协调。栏杆高0.3米，两端为云卷头，并饰有云状图案。如果说引静桥婀娜多姿，那么小曲桥则清丽质朴。曲桥低贴水面，行走其上如在使用凌波微步，看着碧波中红鳞戏游，濠濮间的意境悠然而生。

网师园小曲桥

漫步曲桥，人们会惊奇地发现，随着平桥的自然曲折，园内的景色如一幅徐徐展开的园林手卷画，让人目不暇接。随着曲桥由西向东行，彩霞池东北角的景色先跃入眼帘，一泓碧水两旁是湖石砌成的花坛，上有牡丹、海棠、松柏，古雅的看松读画轩掩映在花坛之后。随桥一折，忽见一株木樨树贴墙婆娑，一条小道忽隐忽现，一座黄石假山上古藤盘旋，一座半山亭和一条游廊古色古香。随桥又一折，竹外一枝轩仿佛在向我们姗姗走来，轩墙上的八角砖细空窗内，景深色美。走到桥的最后一折，牡丹花坛突然出现在眼前，花坛上的苍松遒劲，千年的古柏起舞弄影，“小姐楼”就在青松翠柏后展姿露容。如果从东向西行走，彩霞池西岸的景色又忽左忽右地交替涌现在眼前，另有一番情趣。

走完曲桥，便会领悟曲桥的故事是多么丰富，曲桥的情趣是多么精彩！曲桥富有节奏的变化，精心地安排着游人的视点、视距和视角。驻足曲桥，仰首可观苍松古柏之葱郁，俯首可瞰视锦鳞嬉水之情趣，站在曲桥环顾四周，花园内的亭台廊榭、花木冈崖、碧波曲岸，高下迤逦，错落有致，犹如一幅清丽的风景画，幽深安谧，让人淡泊寡欲，涤除尘世浮华。

小拱桥和小曲桥既点缀了彩霞池，又分割了彩霞池，更充实了彩霞池。碧波因小桥而生动，小桥因绿漪而迷人。这两座造型各异的小桥互成对景，又互成补景，一高一低，一曲一直，耐人寻味。它们在彩霞池畔平分秋色，都利用自身的艺术语言，诉说着小桥的春秋，并以观赏时间的延长和审美信息的增加，给网师园创造了最高的观赏效果，揭示了小园吐纳山水、旷奥兼得的造园艺术和避世渔隐的深刻内涵。

（二）路

园路是指园林中的路，它是园林的重要组成部分，和园林景观密切相连。它像串起珍珠的绳线，可以组织起游人游览的线路。

除了这一功能外，园路还有以下几个特有的功能。

首先，园路可以划分园林空间。中国传统园林讲究忌直求曲，以曲为妙。明代园林鉴赏家程羽文在《清闲供》中曰："门内有径，径欲曲……室旁有路，路欲分……"中国人常以"曲"为美，讲究的是"曲折"二字，哪怕是像孔子那样的大圣人，连睡觉也讲究个"寝不尸"，意思是睡觉不要像僵尸一样挺直，要蜷曲侧卧。中国的造园、绘画、诗文等无不如此，正如清代钱泳在《履园丛话》中所说："造园如作诗文，必使曲折有法，前后呼应。"在中国人的眼里，只有曲径才能通幽，以体现其含蓄和意境。当然，还可以增加园林的层次感，让每一处景点都能充分地展现在游客的面前。

拙政园园路

其次，园路能引导游览。我国古典园林不论其规模是大是小，都会分成好几个景区和景点，然后通过园路把它们联系起来，构成布局讲究、富有节奏的园林空间。

最后，园路能丰富园林景观。园路以其蜿蜒的曲线、深刻的寓意、优美的图案，给人以至美的享受，并且，它能和周围的建筑、山水及植物等景观紧密地联合在一起，可以达到“因景设路”“因路得景”的效果。

（三）墙

园林中的墙多用来分割空间、衬托景物或遮蔽视线，是空间构图的一个重要因素。苏州园林中建筑物密集，又要在小面积内划分出许多空间，因此，院墙用得很多。这种大量暴露在园内的墙面原来比较突兀、枯燥，可是经过建筑匠师们的巧妙处理，反而成了清新活泼的造园要素，长期以来已成为江南古典园林的重要特色之一。

古典园林中的墙体，按照设置的位置可分为外墙和内墙。外墙比较高大，起着护卫、防盗的作用；内墙主要是分隔空间，所以一般比较矮小，设计与周围环境相融合，起着烘托和装点园景的作用。

园中用墙一般用薄砖空斗砌筑，形式有云墙（波形墙）、梯级形墙、漏明墙、平墙等，色彩以白为主，偶尔也用黑色和青灰色。白墙不仅和灰色瓦顶、栗褐色门窗产生色彩的对比，而且可以衬托湖石竹丛和花木藤萝。白墙上的水光树影变幻莫测，为园景增色不少。墙上设漏窗、洞门、空窗等，形成种种虚实对比和明暗对比，使墙面产生丰富多彩的变化。

怡园云墙（波形墙）

狮子林墙

人们总说，苏州园林是一幅水墨画。水墨画是在白纸上用单色绘制写意山水、花草等，白色宣纸不单是绘画的工具，还是画上内容所存在的背景，也是观画人所遐想的空间。

园林的墙体，就像绘画的宣纸一样，为园景的一花一木、一湖一石创造了存在的背景，使这些景色更为突出、更有层次感。比如，留园的“古木交柯”以粉墙为底，翠柏山茶上有砖额点缀，勾勒出一幅充满生机的山水画。

留园“古木交柯”

园林中还随处可见这样的景致，漏窗与粉墙瓦黛打底，太湖石立于中间，几枝花叶凸显于前，整幅画给人以层次明晰之感，同时也增添了不同的质感。像这样的水墨画，于苏州园林之中，随处可见，即使是不起眼的墙角，都被造园者巧用心思地装点了一番。

走在古典园林之中，穿过一道园墙，就是一片新的天地，虚中有实、实中有虚、隔而不断，移步换景，步移景异。景墙或者哪怕只是一处墙角，都为这园林之美出一份力，而这不起眼的一份力，却也值得我们细细品味。

（四）篱

园林中还有一种用竹、木、芦苇等自然材料编成的蔽障物以保护住宅，这便是篱笆。

篱笆因为多见于农舍，所以在中国传统文化中也成为隐逸文化的常见符号，从陶渊明的“采菊东篱下，悠然见南山”到王淇的“不受尘埃半点侵，竹篱茅舍自甘心”，正所谓“青山修竹矮篱笆，仿佛林泉隐者家”（元代缪鉴《咏鹤》）。有时即使是富商巨贾，虽然住的是雕梁画栋，嘴里却仍然唱着竹篱茅舍。

中国的园林建筑类型众多，就像明代的钟惺在《梅花墅记》中说：“高者为台，深者为室，虚者为亭，曲者为廊。”这些建筑配合着各种地形，“宜亭斯亭，宜榭斯榭”，但它们都有一个共同的特点，就是讲究因地制宜。

第三节　园林建筑布局

园林建筑尽管类型各异，但它们都有一个共同的特点，就是做到了因地制宜。中国园林的建筑风格委婉而多姿，这主要体现在私家园林中，也包括一部分皇家园林和山林寺观。其特点是空间变化丰富，建筑的尺度和形式不拘一格，色调淡雅，装修精致，更主要的是建筑与花木、山水等相结合，将自然景物融于建筑之中。

一、江南私家园林是调和古代文人内心矛盾的最佳选择

中国古代社会大多靠外在的礼制来维持秩序，并用儒、释、道去规范人性。对帝王来说，礼制是维护帝制的法制，虽然他们也崇尚儒学，但内心实际上偏向法家思想。而对于文人来说，则常常是外儒内道，或者儒道兼收。做官是“儒”，隐居林下便是“道”。做官还是退隐，常常是一个矛盾体。以苏州园林为代表的江南私家园林正好是调和这一矛盾的最佳选择。

江南私家园林是一种宅第园林，也就是说，园林是依附于住宅的。住宅往往代表着社会秩序的一面，而园林则常常代表着自我的一面。在社会秩序的一面，尤其是处理人际关系时，人们表现出了节制；而在自我的园居生活的一面，人们常常又表现出了自在。对他们来说，在前厅是“儒”，在后院、在园林则是“道”；在公众面前是“儒”，在亲朋好友面前则又是“道”了。中国文人总是能把入世的做官和出世的享受自然地结合起来。

二、普通住宅的布局

院落在中国有着特殊的意义，它是家庭（或家族）维持的建筑形态，而家庭则是维系社会的最基本的组织单元。院落反映在空间上，有着内向性的特点。以北京四合院为代表的北方民居，常按南北中轴线来对称布置房屋和院落，以

反映主次明确、长幼有序的观念。一般在东南角设大门，入口对面为影壁，向西可进入前院；南边的倒座常用作客房、书塾、杂用间及男仆住房等；再经垂花门可进入内院，对面有正房三间，两边耳房用作套间，院落的两侧常配厢房三间，以抄手游廊相连；院内常种植花木或摆设盆景等，空间开敞，环境自然；正房左右耳房可附小跨院，后面常建一排后罩房，用作厨房、杂屋和厕所等。整体建筑的屋身比较低平，起伏不大，屋顶曲线平缓，具有开朗大度的总体风格。

三、园林建筑的布局

园林建筑与普通住宅在布局上是有差异的。江南园林的住宅部分，在平面布置上大多也遵循传统的均衡对称格局，它常以中轴线进行布置，以符合当时社会的秩序和等级观念的要求。但是，有时朝向不完全是正南正北的。比如，网师园的住宅部分沿中轴线由前而后，依次为门厅、轿厅、大厅、内厅等，每院称一“进”，每进房屋均隔有庭院（天井），形成了一院又一院、层层深入的空间组织，正所谓“庭院深深深几许”。在这里，大厅是男主人的空间，只有内厅才是女眷的天地。为减少太阳辐射，庭院采用东西横长的平面，即南北进深较小，东西进深较宽，四周围以高墙，墙上多开设漏窗，以方便通风。

在古代，如果住宅的左右两侧有闲地，屋主一般会将其买下，另外再形成院落，从而形成左、中、右三组纵列（称为“路”）的院落组群。

院落之间设置备弄（夹道），可以供家眷、仆人进出，同时还有巡逻、防火的功能。当然，屋主也可以开辟园圃，建造花厅，去营造心目中的理想之国。在这个理想的居住环境或后花园里，无须礼法，无须对称，像《西厢记》中张生和崔莺莺一样，可以在后花园私订终身，也可以像《红楼梦》中的贾宝玉和众女儿一样，可以在大观园里各种玩闹。

狮子林备弄（夹道）

留园备弄

园林中的建筑布局不像祭祀建筑、陵墓建筑那么庄严肃穆，造型和尺度等必须符合规定；也不像帝王宫殿、府邸衙署这些宫室型建筑那么雍容华丽。它的特点是空间变化丰富，建筑的尺度和形式都可以不拘一格，色调淡雅，装修精致。在园林中，建筑与花木山水相结合，将自然景物融于建筑之中。

中国园林建筑的布局讲究因地制宜。比如，苏州留园的揖峰轩，为硬山造小轩，外观简洁朴素，却因地方狭窄，只造了二间半，但妙就妙在这半间。《园冶》中云："凡家宅住房，五间三间，循次第而造；惟园林书屋，一室半室，按时景为精。"此轩可谓得其精髓，它也是"格式随宜"的极妙诠释，其平面布置亦为苏州园林建筑之孤例。

留园揖峰轩

下面以揖峰轩前的小庭院——石林小院为例，具体来介绍一下。

透过一扇空窗看到的这个小院，就叫作“石林小院”。顾名思义，这是一个石头汇集成林的小院子，院中峰石成景，是一座精美的园中园。抬头仰视，门额上有“静中观”三字，它出自唐代刘禹锡的诗句“众音徒起灭，心在净中观”，似乎在为人们的游览奠定基调——静下心来欣赏。

院子中间有一组湖石小品。左上方的石头仿佛一只羽毛奓开的雄鹰，它正虎视眈眈地盯着右下方的一只猎犬，而猎犬也毫不示弱，它龇牙咧嘴，气势汹汹，似乎准备随时出击。这组湖石有一个非常形象的名字——“鹰犬斗”，它们栩栩如生，充满妙趣。大自然的鬼斧神工、设计者的独具匠心着实令人惊叹！

留园“鹰犬斗”湖石

但小品最妙的不在这里，而是在湖石的背后。那里有一扇空窗，它像镜子一样，鹰石的背面被投射进去。然而空窗不是镜子，它是如何投射鹰石的背影的呢？不妨走近几步，便会一目了然。原来空窗那一边还有另外一块石头，它的中腰部分与鹰石背面几乎一模一样。

在这里，空窗起到了一个至关重要的衔接作用。它将两个本不相关的石头组合在一起，形成了一组绝妙的新景观。如此，小院景致也浅中见深，增加了层次感，所以说，石林小院的主角虽然是石头，但亮点是各式各样的空窗。

“洞天一碧”下有八角形空窗。窗后石峰藤蔓缠绕，每到阳春三月，串串白色藤花，犹如水晶一般玲珑剔透。藤蔓后的圆洞门、方窗竟然也被揽入画面。两侧墙壁上又各开了一孔六角形空窗，窗后种植芭蕉、翠竹，配上秀石、白墙，随冷暖、晴雨呈现不同风光。哪怕就是这样一个小角落、一个小空窗，也都隽永无比，让人回味无穷。

在这只有几十平方米的石林小院内，设计者刻意用回廊、围栏、墙壁将它分隔成若干个更小的空间。但是，这样的分隔非但没有让院子显得局促、狭小，反而越来越“大”了，是院中的空窗将这些相对独立的空间组合成一个完整、连续而又富于变化和韵律的整体。透过空窗，景物之间相互呼应，层层叠叠，达到了极好的“庭院幽深”的艺术效果。

在这样一个适合静下心来细细品味的石林小院内，平时被忽略的空窗却成了人们看园林的另一只“眼”，它巧妙地将园林景物中的“渗透”和“层次”纳入人们的视线。在窗与墙的虚实结合中，在景与物的互相映衬下，空窗创造了空间的无尽和视觉的无穷。而这扇空窗也开到了人们的心中，它将“山之光、水之声、月之色、花之香”纳入，在人们心中缔造出了一片咫尺乾坤。

第四节　园林建筑装修

建筑物在设计、建造完成之后，接下来的一项工作就是装修了。现代生活中，我们的住房是这样，古代的园林建筑也同样如此。

中国古代按木工工艺的不同，把建造房屋主体木构架的叫作“大木作”，它是木构架主要的结构部分，起承重作用，同时也是建筑比例尺度和形体外观的重要决定因素。而“小木作”则是指传统建筑中非承重的木构件的制作和安装。在宋代的《营造法式》一书中，归入小木作制作的构件有门、窗、隔断、栏杆、地板、天花(顶棚)、楼梯等 42 种之多。以下论述的建筑装修指的就是这类小木作。

清代工部的《工程做法》把面向室外的装修称为“外檐装修”，把在室内的装修称为“内檐装修”。

一、外檐装修

外檐装修是指房屋与室外分隔的构件，具有围护、遮拦、通风、采光等功能，并起到丰富立面和美化外观的作用。外檐装修的构件主要包括门、窗、挂落、栏杆这几个部分。

（一）门

叶圣陶先生赞美苏州园林门、窗图案的设计和雕镂琢磨的功夫，都是工艺美术的上品。摄影家酷爱这些门、窗，他们斟酌着光和影，拍摄出称心如意的照片。

门是建筑物的主要出入口，早在殷商甲骨文中就有象形的“门”字，宋代的《营造法式》一书中记载了门的类型和制作规格等。门的下轴立在门枕石上，门枕石露在外面的部分又常被雕刻成抱鼓石或其他形状，如苏州狮子林、网师园等的大门前的狮子滚绣球砷石等。再比如，扬州园林建筑前的门枕石有祥云、鹤、鹿等，这些都有着吉祥寓意。这样的门枕石既极富装饰性，又有祛灾祈福的寓意。

园林中的洞门，明代计成在《园冶》中将其称为“门空”，它是我国古代建筑中一种形制特别的门，兼具装饰性与实用性，与园中景色互为映衬。它是苏州园林不可或缺的小品。

苏州园林洞门形式的多样性让人惊叹。比如，圆形门模仿圆月而筑，是崇拜月亮的反映，给人以饱满、充实、柔和、活泼和平衡的感觉。实际上，月亮有圆有缺，但中国人喜欢满月，满月在整个循环周期中代表完整或完美。因此，人们总是把满月与团圆联系在一起。

有的洞门在圆门的下缘开一段缺口，设平路，这叫作“平底圆门”。这种洞门更强调往来通行之用，如艺圃浴鸥院的洞门。而留园又一村洞门则在门下方装饰了回形纹。

艺圃浴鸥院洞门

留园又一村洞门

“体天象地”是园林建筑构思的基本法则。自然界的基本图案是体天的圆形，它和象地的方形、象山的三角形，三者交错形成了姿态各异的多边形。洞门有多种形状：启园的“亞”形门；在园林中多处可见的、代表“天圆地方”思想的方形门；佛教、道教及传统文化中推崇的八角门；有着丰富寓意和文化内涵的植物符号、器物符号的门，如海棠形门、葫芦形门、贝叶形门、汉瓶形门、圭形门；以及一展抽象构图的门，如狮子林的佛脚印门。

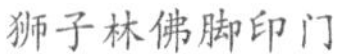
狮子林佛脚印门

沧浪亭葫芦形门

（二）窗

窗是江南园林中最富情趣的建筑装修了，从形式上来看，有长窗、半窗、地坪窗、横风窗、和合窗及砖框花窗等。前文提到留园的石林小院，讲过那里的空窗，以及由空窗所营造出的“庭院深深”的意境。老子在《道德经》中曾说：“凿户牖以为室，当其无，有室之用。”意思是说，开凿门窗建造房屋，因为有了门、窗，才有了房屋的功能。后来的中国文人就喜欢从窗户中吐纳世界景物，杜甫《绝句》中的名句“窗含西岭千秋雪，门泊东吴万里船”，这种移远就近、由近知远的空间意识，就是中国人的宇宙观了。园林中常用漏窗来框景，以形成所谓的“尺幅窗，无心画”。下面详细介绍漏窗。

艺圃响月廊空窗“尺幅窗，无心画”

耦园漏窗

先来看一个巧妙的设计：如果在空窗内放入山、水、花木等构景要素，组成的这个字像不像“园”的繁体字“園”？而如果把这个字看作一张图片，它像不像园林中的另外一种窗——漏窗呢？

漏窗是指园林中具有各种漏空图案的窗孔。明代计成将漏窗称为“漏砖墙”或“漏明窗”，在苏州、上海地区则称为“花墙洞”。它在园林中是非常特殊的物件。一方面，它本身就是园林的构景要素；另一方面，它在很多园林构景手法中又起到了特殊的作用。

网师园漏窗

漏窗最先吸引人的往往是它的图案。它的图案题材非常丰富。比如，带自然符号的拟日纹，是由太阳演化而来的；动物纹，如蝴蝶、鱼；植物纹，如海棠和牡丹；器物纹，如灯笼、瓶子。瓶子里面如果插着三只戟，则有了一个吉祥的寓意——“平升三级”。

沧浪亭“平升三级”漏窗

漏窗的图案，大多不会局限于图案本身。有些图案往往表达了人们对美好生活的向往和追求。比如，葡萄和石榴，都是因为果实丰硕，所以被用来比喻子孙兴旺；蝙蝠，则暗示着对幸福生活的殷切期盼。

有些图案是宗教信仰的反映。比如，狮子林里的贝叶形漏窗，最初佛教的经文就是刻在贝叶上的，所以佛经也被称为“贝叶经”；葫芦、扇子、宝剑、渔鼓、横笛、花篮、玉板和莲花，这是八仙手上的法器，叫作“暗八仙”，是道教的代表符号。

苏州园林既然是文人园，自然就少不了体现文人的意志。有人还将漏窗比作文人心之七窍。比如，冰梅组合纹，反映的是园主人高洁的品格；书条纹，是文人的最爱；最能体现文人风雅情怀的要数“四雅”了，即琴、棋、书、画，它们为园林增添了不少雅气；还有一例特别值得一提，就是退思园九曲回廊上九孔雅致的漏窗，每扇漏窗中间各有一个字，组合在一起就是——“清风明月不须一钱买”，取自唐代李白《襄阳歌》中的名句：“清风朗月不用一钱买，玉山自倒非人推。”这九曲回廊顿时多了几分诗意。

退思园九曲回廊

漏窗在园林中，既有丰富的美学价值，又有深刻的文化内涵，是一道亮丽而隽永的风景线。然而，这些图案和寓意，并不只有漏窗才有，在园林的铺地、砖雕、木雕上也都能看到。那漏窗和它们相比，又有什么特殊的呢？

首先，漏窗有通风、采光的功能。这就先要回归“窗”的本质，通风、采光是其最基本的功能。漏窗作为窗的一种，也具有这样的功能。而且，苏州园林本身面积不大，建筑往往比较紧凑，多开窗，园林里不仅能透气、通畅，还能增加亮度。

其次，漏窗还有拓展空间的功能。比如，拙政园水廊上的漏窗，从东面看，能看到拙政园的中部，而从西面看，又能看到东部花园的风貌，漏窗把这两个相对独立的空间组合在了一起，增加了园林的层次感。这些都是园林中漏窗的基本功能。

再次，漏窗多了一个“漏”字，必然也就多出很多变化。比如，光线透过漏窗投射在墙面、地面的影子，也是一幅画，而且这幅画还能随时间、光线的变化，形成一幅流动的影像，这是“漏”的特殊功能。

最后，漏窗在苏州园林里还具有独特的构景功能。建筑大师贝聿铭说过：“在西方，窗户就是窗户，它放进光线和新鲜的空气；但对中国人来说，它是一个画框，花园永远在它外头。”

比如，苏州留园的“古木交柯”，前面有一排漏窗，透过空隙，窗外的美景半遮半掩地漏给游人，这是漏景。而窗外的景色到底如何呢？它没有全部透露给我们，而是用窗芯给挡了起来，大家如果想知道的话，那就绕过漏窗，自会一目了然。于是，漏窗抑景的功能就又实现了。

拙政园的水廊、沧浪亭的复廊，上面都有一串连续的漏窗。如果是一排空窗，那它们框取的是同一个景，这里不同漏窗漏出的却是不同的景。这时，游人走在廊上，才能够真正感受这移步换景的乐趣。

通过漏窗的图案和功能，人们可以看出，漏窗不仅展现出自身的美，在园林中，还能烘托其他风景的美。人们经常把眼睛比作心灵的窗户，而在园林中，漏窗往往又是人们看园林的另一只“眼”。它把风、光、空间、影、景等都纳入人们的视线，让人看到的是窗内这个包罗万象的乾坤世界，这也很好地印证了联合国教科文组织世界遗产委员会评价苏州园林的那句“咫尺之间，再造乾坤”。

（三）挂落

挂落是中国传统建筑中梁枋下、柱子两侧的一种构件，因其安装在檐下，呈悬挂状，故得名“挂落”。挂落常用镂空的木格或雕花板做成，也可由细小的木条搭接而成，用作装饰或阻隔空间。挂落在建筑中常为装饰的重点，其上常做透雕或彩绘。

狮子林挂落

在建筑外廊中，挂落与栏杆从外立面上看位于同一层面，并且纹样相近，有着上下呼应的装饰作用。而自建筑中向外观望，在屋檐、地面和廊柱组成的景物图框中，挂落如装饰花边，使图画空阔的上部产生了变化，出现了层次，具有很强的装饰效果。

挂落的构造以三边作边框，两边框的下端作钩头形，雕成如意纹。边框多用榫接固定在柱上。挂落则一端用榫，一端插竹销，连接在边框上，可装可卸。

挂落的装饰题材中，“卍”字纹最具代表性。在园林中，若我们走过廊下，驻足停留，抬头看看，很容易就能发现这些挂落。“卍”字纹结构单纯，所形成的纹样给人庄重、严整的感觉，又不失艺术美感。虽是由笔直的线条构成，却也不呆板，“严肃活泼”说的或许就是这种情形吧。

耦园城曲草堂挂落

除了“卍”字纹之外，园林中也有带花纹雕刻的挂落，如留园恰航的挂落。

留园恰航挂落

挂落之上，加以精细的雕刻，为建筑增添了几分亮点。一般园林或宅第建筑内除了“卍”字纹之外，还有缠枝纹、藤茎纹等，纹样繁复多样，极具艺术品格。

无论是简单的“卍”字纹或是复杂的雕刻花纹，这背后其实都有着美好的寓意。“吉祥之所集”的“卍”字纹，常以连缀图形出现在园林的墙檐、门格、梁头，除了带有吉祥的愿景之外，也有“富贵不断头”之意。而缠枝纹可以说是各种藤蔓的形象再现，它委婉多姿，富有生命力，寓意着生生不息。

图形符号只是一种外在形式，内在的寓意，加上独特的审美，以及巧夺天工的技艺、精巧的构思，使得园林内的挂落更为古朴典雅、美观大方。作为古建筑艺术中的一部分，挂落虽小，但其艺术魅力十分隽永。

（四）栏杆

栏杆是指设置于楼阁殿亭等建筑物的台基、踏道、平座楼梯边沿或两侧，带有扶手的围护结构。

栏杆是起到围护作用的结构之一，主要有木制和石制两类。木栏杆主要用于木结构框架的建筑物上，石栏杆则多见于大型建筑的台基或桥梁上，常由汉白玉、青白石等名贵石材制成，也是衬托建筑物的重要装饰。“石栏最古”“木栏为雅”（文震亨《长物志》）。目前在苏州园林中，除室外露天平台及石桥梁的栏杆使用石料外，一般建筑的栏杆都是木结构的，也有一部分是砖细结构的。在色彩上，栏杆除与建筑本身的门窗、梁柱保持同一种色调外，砖细的栏杆更是有自己的黛青本色，朴素大方，基本没有北方风格或皇家色彩的大红“朱栏”。“古”和“雅”是苏州园林中栏杆的基本特色。

在园林建筑中，经常可以看到这样一种栏杆，它可以靠背，形状弯曲就像鹅的颈项，古人称为“鹅项靠”，它还有一个大家都很熟悉的名字，叫作“美人靠”，而苏州人又叫它“吴王靠”，因为在吴语中，“吴王靠”的发音与“鹅项靠”相似。这种栏杆常常用于临水的亭榭或楼阁中，倚栏观鱼，鱼乐人也乐。栏杆也是我国古代文人借以抒发情感、创造意境的常用之物。

栏杆在园林中的作用非常重要。安装在厅堂类建筑廊柱部位的栏杆，因为室内地坪与天井大多相差三步台阶左右的高度，即大约 45 厘米，这里的栏杆起到护持行人、分隔建筑室内外的界限、装饰两柱间的作用，栏杆的高度一般在 90—110 厘米。比如，狮子林燕誉堂前东西两侧的栏杆就是典型的例子。

网师园室内外地坪高度虽然差别不大，但堂前两侧的栏杆也是采取了这种形式。类似的，还有耦园的城曲草堂、狮子林的卧云室。

耦园城曲草堂

而安置在楼层上的栏杆，则以围护和观景功能为主，如退思园的跑马楼，就是以一圈栏杆组成了外围廊。

当栏杆的捺槛面要装地坪窗的时候，其在功能上又增加了对室内围护、挡风雨的作用。因此，匠师们在栏杆的内侧（或外侧）增设雨遮板，以利于窗扇的保养。留园揖峰轩和西楼的上层都是这种形式。

拙政园卅六鸳鸯馆北侧在栏杆外装落地长窗，栏杆内侧有可以脱卸的雨遮板，也是由此变化而来。当栏杆安装在敞开式走廊上时，因走廊与室内外地坪高差一般在 15 厘米以内，栏杆的围护功能要求不高，所以匠师们往往把栏杆做成半栏，既使廊体显得充实、多姿，又便于游人倚坐小憩。比如，苏州网师园中自小山丛桂轩、蹈和馆到樵风径，直至月到风来亭一带的走廊，都用砖细做成半栏，与网师园本身小巧玲珑、雅秀精致的艺术风格十分和谐。

拙政园卅六鸳鸯馆

网师园砖细半栏

“晚来更带龙池雨，半拂栏干半入楼。”栏杆在古人的咏叹诗词中常被提及，凭栏远眺，望断天涯，寄托感情，在中国古典诗句中俯拾皆是。花式繁多、做工精致的栏杆以它特有的文化韵味，构成了园林中一道美丽的景观。

二、内檐装修

内檐装修是指分隔和组织室内空间所设置的隔断，主要有纱槅、花罩和屏门等。这些装修的特点是布置灵活，形式多样，主要用来区分空间，体现建筑用途的差异，如鸳鸯厅的设置。苏州古典园林中常常用纱槅与罩将一座建筑分为前后两个部分，纱槅设在脊柱中间，挂落飞罩置于两侧，建筑的两个部分前后呼应，空间活动开合有致。

（一）纱槅

纱槅（格），又称“槅扇”，纱槅形式与长窗相似，但区别在于纱槅的内心一般会装裱书画。纱槅的内心仔（心仔，即指窗棂）背面或钉青纱、或钉木板，板上裱字画。通常会把内心仔分成三个部分。中间为长方形框档，四周镶回纹装饰，称为“插角”，或者在四周连雕花结子；也有在框内镶冰纹彩色玻璃，四周镶花结的。纱槅形式轻巧秀丽，其夹堂和裙板多雕花草或案头供物，有的用黄杨雕刻花纹胶贴，结子插角也可以用黄杨、银杏雕成。

留园五峰仙馆纱槅

（二）屏门

屏门即隔断的门板，有些讲究的屏门会用到比较贵重的木材，如银杏木，还在上面镌刻书画，如留园的林泉耆硕之馆（鸳鸯厅）。

留园林泉耆硕之馆银杏木屏门

狮子林燕誉堂屏门

（三）罩

罩的主要功能是对室内空间进行分隔和装饰。罩主要有飞罩、落地罩、挂落飞罩三种式样。飞罩和挂落相似，但飞罩两端下垂，形似拱门。落地罩两端落地，内缘常为方形、圆形或八角形等形状。挂落飞罩形式上可视为挂落的一种，其两端下垂的程度比飞罩短。

罩上一般有雕刻，常以植物纹样和动物纹样为主，多有吉祥寓意，植物纹样中又以藤蔓多见，绵延往复。罩的用材往往比较考究，多以银杏、花梨等优质材质为主，往往以整块或两三块大料构成，用材奢华，雕工精美。

苏州园林中罩的佳例，当推留园林泉耆硕之馆圆光罩和拙政园留听阁的飞罩。

留园林泉耆硕之馆的圆光罩，左右各一座，体量很大。边框采用内外两圆形式，两层圆框以花纹连接。框内雕刻有叶形花纹，盘曲缠绕，整体构图饱满。

留园林泉耆硕之馆圆光罩

拙政园留听阁的飞罩，利用树根形长条花纹贯穿全罩，而在中间和两角用松、雀、梅纹样作点缀，显得小巧玲珑，与建筑相适应。

留听阁位于苏州拙政园西部花园的最西端，名为阁，实为一层建筑，面阔三间，平面形状接近方形。小阁背以青山为屏，南有临水之平台，东侧是山间小溪汇入大池之处，东南向隔水与主厅卅六鸳鸯馆相对，位置较为重要。楹额是由清代湖南巡抚、金石学家吴大澂所写。“留听”二字取自唐代李商隐的诗句“秋阴不散霜飞晚，留得枯荷听雨声”。整个建筑体形轻巧，四周开窗，阁前有平台，池中植荷，值仲秋季节，在此聆听雨打枯荷的滴答声，饶有风趣。小阁建筑及装修极为精美，阁内有四根柱子，柱子间用纱槅、挂落飞罩分隔成内廊。南向临平台的清代银杏木透雕的飞罩最值得一看，其纹样为松、竹、梅、雀，刀法娴熟，技艺高超，构思巧妙，将“岁寒三友”和“喜鹊登梅”两种图案糅在一起，是园林飞罩中不可多得的精品。槅扇裙板上还刻有蟠螭（夔龙）图案，因等级较高，故被推断为太平天国忠王府内的遗物，有较高的艺术价值和历史价值。

拙政园留听阁飞罩

此外，狮子林古五松园芭蕉罩，形式很少见，雕刻也较写实；耦园山水间水阁的落地罩，体形较大，雕刻精美，是一个突出的例子。

耦园山水间水阁落地罩

第五节　园林建筑装饰

区别于建筑的框架构造和空间布局划分，建筑装饰指的是对建筑构件的艺术加工，即细节部位的处理，大多为对构件的装饰。梁思成在《拙匠随笔》中说，它“就像衣服上的滚边或者是绣点花边，或者是胸前的一个别针、头发上的一个卡子或蝴蝶结一样”。建筑装饰就好比在给建筑绣花边、别别针、戴蝴蝶结，让建筑更美丽，同时也装扮出建筑的气质来。

园林建筑的装饰，从类型上来说，主要分为两部分：彩绘和雕饰。

一、彩绘

由于中国古代建筑大多为木结构，为了保护木材，人们常在木构的表面涂上油漆。油漆颜料中含有铜，它不仅可以防潮、防风化剥蚀，而且还可以防虫蚁。正因为油漆颜料具有这样的功能和丰富的色彩，久而久之，就发展成为中国特有的建筑油饰和彩画。

彩画是绘制在木构建筑上的油漆图案，一般出现在建筑物的梁和枋上。它最早的功能是保护木材，起到防腐、防潮、防蛀的作用。而它的装饰性功能是到后来才逐渐凸显出来的。经过近两千年的发展，在明清时期，彩画步入了成熟和规范阶段，无论是宫殿、宗教建筑，还是住宅、园林建筑，彩画都是装饰的一个重要手段。

一般来说，按照内容、色彩、等级和用途的不同，彩画可以分为三个类别，即和玺彩画、旋子彩画、苏式彩画。

（一）和玺彩画

和玺彩画在三种彩画中等级最高，图案中有龙、凤等，色彩呈现出比较多的金色、蓝色和绿色，非常鲜艳。因为它显得金碧辉煌，所以只用在皇家宫殿、坛庙的主殿，如北京天坛的主殿祈年殿上的彩画，整个祈年殿不管是外墙，还是内壁，尤其是穹顶，都绘制了大量的和玺彩画，十分壮观。

（二）旋子彩画

旋子彩画上有很多卷涡纹状的花瓣，这就是所谓的“旋子”，色彩上用得比较多的是蓝色和绿色，有时也会出现金色。所以从等级上来说，它比和玺彩画要略低一些，一般用在宫殿、官衙、坛庙的次要殿堂和寺庙中。比如，北京天坛斋宫的彩画，斋宫作为天坛的次要殿堂，等级要低些，所以一般用旋子彩画来进行装饰。

（三）苏式彩画

前面两种类型的彩画大多和皇家有关，显得高高在上，而苏式彩画来自民间，更加亲民。

苏式彩画，从它的名字上会不会让人联想到它指的是苏州的彩画呢？其实，它指的不仅仅是苏州，而且是以苏州为代表的江南地区的彩画。

明清时期，苏州擅长建筑彩画的艺人很多，他们绘制的彩画构图十分灵活，画面也非常生动，形成了独具特色的自由活泼的风格。一幅幅彩画就像是一方方绚丽典雅的锦袱包在梁枋上，所以人们又给了它一个十分形象的别称“包袱锦”。

早期，苏式彩画仅在江南一带流行，在明朝永乐年间，营修北京宫殿的时候，朝廷征用了大量的苏州工匠，苏式彩画也由此传到了北方。此后北方的园林、住宅等建筑也多爱用它，苏式彩画成为分布最广、最受人们喜爱的彩画类型。

苏式彩画往往在冷色的背景下，有几抹鲜亮的红色，这几点暖色带给人的是一种富贵、热烈和喜庆的感觉，表现出普通老百姓对于美好生活的向往和追求，这和苏式彩画来源于民间是十分吻合的。

因为苏式彩画来自苏州，来自江南民间，所以它必然融入了很多江南元素，最典型的就是它的素雅。江南地区山明水秀，四季常青，彩画中的色彩要和周围的环境相协调，所描画出来的就是如同水墨画一般的场景。

苏式彩画绘于小小的一块地方，它所包纳的内容却非常丰富。

首先是山水，颐和园长廊上万幅彩画中就有500多幅是杭州的山水风景。据说就是因为乾隆皇帝太爱杭州了，所以专门派画师去杭州写生，然后再根据稿本绘制上去的。

其次，苏式彩画的内容中还有很多花鸟图案，而它们也都带有吉祥的寓意，如牡丹、喜鹊等。

最后，苏式彩画中还有一个非常重要的内容，那就是人物，这也是它文化内涵最丰富的部分。比如，人物故事“鹊桥相会”“三顾茅庐”“沉香救母”等。总的来说，相比较和玺彩画和旋子彩画，苏式彩画的内容更加丰富多样，这也是它受到更多人喜爱的一个非常重要的原因。

二、雕饰

雕饰是中国古代建筑艺术的重要组成部分，主要有墙壁上的砖雕、台基石栏杆上的石雕，以及梁枋、柱头、门窗等上的木雕，即所谓的“三雕”：砖雕、石雕和木雕。雕饰的题材非常广泛，包括戏曲故事、人物形象、动植物图案等，同时还综合运用了传统工艺美术中的绘画、书法等方面的卓越成就，如楹联、匾额、窗格等，使建筑物显得灿烂多姿、美不胜收。

中国人向往幸福，渴望圆满，喜欢亮丽，企盼长寿。因此，在建筑装饰上布满了这些象征物。

比如，拙政园留听阁的黄杨木飞罩，前文也曾提到过。现在重点关注一下它的雕刻手法和雕刻内容。它采用的是透雕的形式，两侧下垂作拱门状，松干梅枝下装饰湖石，旁边刻有竹子，中间布置着错落有致的梅花和四只顾盼生姿、喳喳欲飞的喜鹊，以此来寓意“喜上梅（眉）梢”。在徽州建筑中，也常有梅花冰纹的窗格，徽州人崇文，盼望通过“十年寒窗”的读书生涯，换来“梅花香自苦寒来”的前程。同时，梅花品性高洁，也常被文人们歌咏和自喻。因此，在园林建筑的装饰中多见这样的图案。其他常见的还有五福（蝙蝠）捧寿、鹤鹿同春、三阳（羊）开泰、连（莲）年有余（鱼）、竹报平安、岁寒三友、平（瓶）

升三级（戟）等，这些都是装饰的常用题材。

以下来欣赏下被誉为“江南第一门楼”的网师园砖雕门楼，一起来感受一下建筑装饰的魅力。

网师园的砖雕门楼被誉为“江南第一门楼”，历经300多年的沧桑，至今仍然保存得非常完好。

门楼大约高6米，宽3.2米，厚1米。顶上是一座飞角半亭，单檐歇山卷棚顶。下面的两扇门，外层是用方形的青砖拼砌的，上面还嵌着梅花形的铜质铆钉。门楼的中间是精美的砖雕，它是整个门楼最精彩、最令人瞩目的部分。

网师园“藻耀高翔”门楼

这里的砖雕大致可以分为四层。最下面的第一层中间有三个圆形的“寿”字，“寿”字的周围有很多蝙蝠和云朵。“蝙蝠”的“蝠”与“福”同音，象征着幸福；云朵则象征着平步青云，高官厚禄。这一层就象征了福禄寿三全。

砖雕的精华部分集中在这第二层。中间匾额上赫然写着四个大字“藻耀高翔”，出自《文心雕龙·风骨》中的“唯藻耀而高翔，固文笔之鸣凤也”，意思是文章有好文采就如同鸣凤高翔。主人以此激励儿孙们要刻苦读书，使文章出彩。

再看两侧的兜肚。左边是“文王访贤”，文王单膝下跪，而姜子牙则长须飘飘，在渭河边钓鱼，一副愿者上钩的姿态。右边是“郭子仪上寿”，郭子仪历来是长寿富贵的典范，他那绕膝奉亲、个个出息的七子八婿，此刻正在为他做寿，真可谓是福寿双全。一文一武，出将入相，为帝王之师，为国家栋梁，这是中国传统知识分子的最高奋斗境界。人生能得福禄寿三全，又是何等的美满！

网师园“藻耀高翔”门楼局部

这里还有一个细节：这两幅兜肚图案的下面，还有四根小柱子，这是什么呢？其实那是戏台前的栏杆！我们可以把它看作一个微缩版的戏台，台上正上演着多福多寿的人间喜剧。

第三层是蔓草图，蔓草枝繁叶茂，连绵不断，象征昌盛、久远。两侧垂柱上，雕着精美的花篮头，还有狮子滚绣球和双龙戏珠的图案。

最上面的第四层有六组斗拱，和两边的昂嘴组合在一起，形成了六个大大的“寿”字。

这些砖雕将中国人多子、多福、多寿的追求，体现得淋漓尽致。

明清时期，徽商鼎盛，遍布大江南北。徽派建筑中的封火墙、长出檐及精美的砖雕、木刻，随着徽商的脚步影响到各地，成为当时的主流时尚。网师园门楼上精美的砖雕艺术，就是徽派砖雕发展到极致的作品。

那么这些精美的砖雕又是如何制作出来的呢？质地松软的黏土在经过火烧、水磨后，吴地工匠用他们灵活的双手，在坚硬而又易脆的清水砖上精雕细琢，造就了这样一个砖雕极品。这既体现了他们精湛的技艺，也成就了徽派砖雕的最高境界。

在这座砖雕门楼上，徽派建筑的砖雕技艺和吴地人精细、高品位的文化追求相融合，俗文化中的福禄寿传统祝愿和吴地文人高雅的志趣相融合，再加上戏曲文化的渗透，集中在这网师园的门楼上，成就了徽派砖雕的鼎盛局面。如果说园林的主人是吴文化思想和理念的缔造者，那么吴地工匠则是吴文化继承和发展的践行者，这些匠人的劳作和智慧使砖雕成为吴文化中的精品，他们是吴文化的根基。

第六节 园林铺地

园林铺地是指在园林环境中，运用自然或人工的铺地材料，按照一定的方式铺设于地面形成的园林小品。园林中的建筑、植物、筑山、理水一直为造园者所重视。而铺地由于“地位低下”，往往不易为人瞩目。其实，中国古典园林铺地和其他园林要素一样，浸润着中国文化的内蕴。

苏州园林中的铺地可分为室内铺地和室外铺地。

苏州建筑物的室内铺地可追溯到春秋时期，吴王夫差宠幸美女西施，在现在的苏州灵岩山上建“馆娃宫”。宫内“铜勾玉槛，饰以珠玉”，并筑有一条“响屧廊”，也称“响廊”。宋代朱长文在《吴郡图经续记》中记载：“（砚石山）又有响屧廊 ，或曰鸣屐廊，以楩梓藉其地，西子行则有声，故以名云。”其实响廊就是用黄楩树与梓树铺就的木地板。

苏州园林建筑的室内铺地一般采用方砖，其又可分为实铺和空铺两种。实铺是在原土上加夯铺砂，砂上铺方砖，然后用油灰嵌缝，再经补洞、磨面而成。空铺则是在方砖下砌砖墩或地垄墙，然后在其上铺砖，以防地面潮湿。走廊地面则多采用仄砖铺地，偶用方砖。

苏州园林的铺地主要指室外铺地。童寯在《江南园林志》中说，留园“园内装折铺地女墙，各尽其妙，而以铺地为尤”。

园林铺地用自然或人工的材料铺制，这些材料主要有卵石、砖、瓦、黄石片、青石片等。

卵石，苏州人常称“鹅卵石”，是岩石经自然风化、水流冲击和摩擦所形成的卵形、圆形或椭圆形的石块，表面光滑，是一种天然的建筑材料。《儒林外史》第二十二回中这样说道：“从镜子后边走进去，两扇门开了，鹅卵石砌成的地，循着塘沿走，一路的朱红栏杆……”这里的地面便是用鹅卵石铺成的。卵石铺地，可按摩足部的一些穴位，能起到活血舒筋、消除疲劳等保健作用。

沧浪亭园内室外铺地

砖砌铺地常用仄砌的方式，一般有人字形、席纹、斗方、叠胜等形状，而砖的材质，现在一般用黄道砖，即一种烧结的青砖。

用纯瓦铺地则可利用其特有的弧度，仄砌成曲线优美的波浪纹式。比如，扬州何园的船厅前，以仄瓦为骨、以卵石填心的铺地，恰似波光粼粼的水面。这种旱园水做的手法更好地反映出了"月作主人梅作客，花为四壁船为家"的园居主题。

人们经常说花街铺地，那这花街又是从何而来的呢？

苏州园林中的铺地常能结合环境，采用不同的形式。庭院、道路、踏步、山坡蹬道等，有的采用规整的条石、仄砖，有的则用不规则的太湖石、石板。以砖瓦为骨，用石片、卵石及碎砖、碎瓦、碎瓷片、碎缸片等相互配合，铺砌地面，以构成各式精美图案，因此被称为"花街铺地"，如网师园的殿春簃前庭院里的花街铺地。

网师园殿春簃庭院

计成在《园冶·铺地》中说："大凡砌地铺街，小异花园住宅。惟厅堂广厦，中铺一概磨砖。如路径盘蹊，长砌多般乱石，中庭或宜叠胜，近砌亦可回文。八角嵌方，选鹅子铺成蜀锦。""乱青版石，斗冰裂纹，宜于山堂、水坡、台端、亭际。"书中还说："花环窄路偏宜石，堂迥空庭须用砖。"这里交代了各种式样的铺地，分别适宜布置在哪些地方。

比如，苏州园林厅堂前大多用不规则的青石或石板铺就，拙政园的远香堂、留园的五峰仙馆、网师园的看松读画轩前的庭院铺地就是典型。正如《园冶》中所说的"堂前空庭，须砖砌，取其平坦"。而在一些人迹罕至的空庭死角，则常用仄砖或碎石铺砌，如留园的"古木交柯"和花步小筑庭院。

留园五峰仙馆庭院

计成在《园冶》中还说道：“园林曲径，不妨乱石，取其雅致。”园林中的园路铺地最为丰富，其路面或朴素粗犷，或自然古拙，或端庄舒展，或明快活泼，并以不同的质感、纹样、色彩，以及不同的风格来装饰，集中体现了我国古代铺地设计中讲究图案之美、韵律之美、诗情画意及吉祥文化的意图。留园园路中的“瓶生三戟”“盘长”等就是典型。

书屋或庭院较小者，则多采用砖瓦和鹅卵石组成的各式图案的花街铺地，此最为精致，如拙政园海棠春坞前的海棠式铺地、玲珑馆前的冰纹铺地等。

苏州园林铺地中常见的纹式与图案，可分为几何纹图案、植物图案、动物图案、器物图案等。几何纹图案，如席纹、人字纹、间方、斗纹、冰纹等；植物图案，如松树、石榴、百合、莲藕、葫芦等；动物图案，如羊、鸳鸯、麒麟、鹭鸶、蝙蝠、蟾蜍、鹿、鹤等；器物图案，如如意、元宝、银锭、法器等。其式样构图，随家铺砌，尤其是苏州园林中的式样，构集之佳、色泽配合之美，不胜枚举。

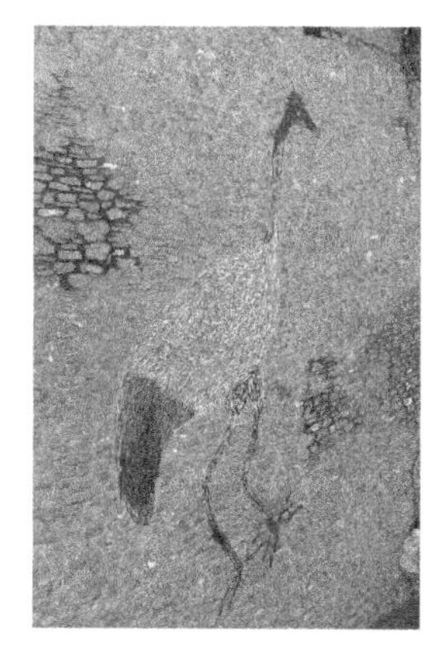

留园动物图案铺地

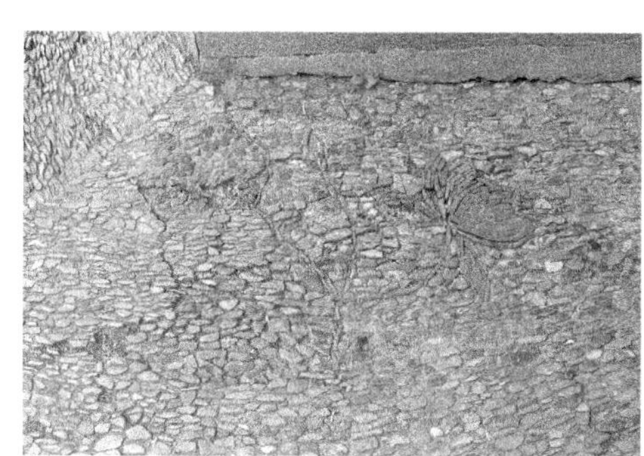

留园植物图案铺地

铺地作为中国古典园林的主要构景要素，既体现了一种精神需求，又展现了视觉审美和完善人格两大功能。因此，在古典园林中见到的复杂的装饰铺地纹路，不外乎是审美的需要或借景抒情的手段。纹样是附加的思想符号，它不仅是一种装饰，也是一种传递思想情感的重要媒介。

中国古典园林铺地纹样的寓意十分丰富，总体可以分为三部分。

第一部分主要是宗教题材。古人采用纹样体现出对宗教礼仪或仪式的需要和观念的表达。比如，这“暗八仙”，即八仙手中的法器，以避邪趋吉，扇子——汉钟离，宝剑——吕洞宾，葫芦和拐杖——铁拐李，阴阳板——曹国舅，花篮——蓝采和，渔鼓或道情筒和拂尘——张果老，笛子——韩湘子，荷花——何仙姑。

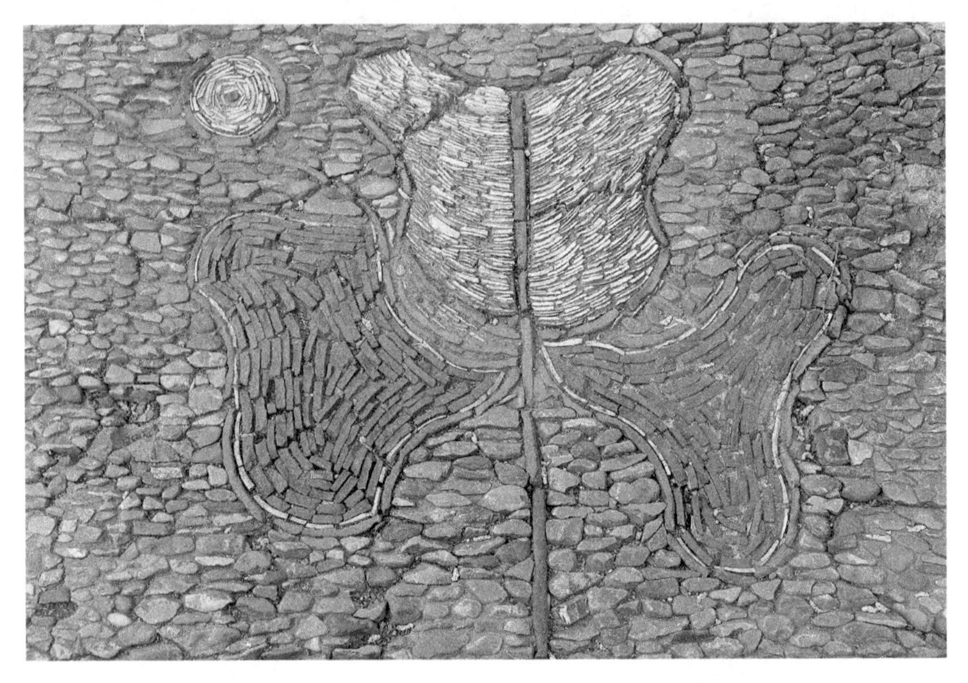

留园“暗八仙”之扇子

第二部分是吉祥的象征。在我国，吉祥文化源远流长，不管做事、说话、种植物、装饰等都追求吉祥。现实生活中，园居是追求宁静生活的地方，所以祈求平安是最常见，也是最基本的愿景。中国的吉祥文化源远流长、丰富多彩，它植根于中华民族世世代代的日常生活之中，是中华民族深层心理的文化积淀，吉祥符号、图案可谓无处不在，无人不用。

留园盘长结图案铺地

比如，五福，《尚书 · 洪范》中说，“五福：一曰寿，二曰富，三曰康宁，四曰攸好德，五曰考终命”。东汉的桓谭在《新论》中解释：“五福：一曰寿（桃），二曰富（牡丹），三曰贵（桂圆），四曰安乐（鹌鹑与鹿），五曰子孙众多（石榴）。”在中国民间，“五福”是指福、禄、寿、喜、财。生活中常见的“五福捧寿图”，即五只蝙蝠围住中央一个“寿”字，象征着生活美满长寿。

第三部分则是市井文化的反映。与中国古典园林中词文匾联所体现出高雅的文士情调追求不同，园林铺地所反映的大多为世俗或物质的市井文化，特别是明清时期的园林，其铺地深受市井文化的影响。苏州园林在铺地中常常用这种俗文化，运用谐音、双关、图案等赋予其一种吉祥的象征。比如，“鱼”与“余（玉）”，拙政园的莲鱼铺地，即莲花与金鱼的组合图案，寓意年年有余，生活富裕美好。

拙政园莲鱼铺地

再如，留园铺地“一品清廉”，实为一茎荷花的图案，“青莲”谐音“清廉”，以荷花的高洁比喻为官的清廉。

“一路连科”，即白鹭和莲花的组合图案，“鹭”与“路”、“莲”与“连”谐音，象征在科举中“一路连科”。

“瓶生三戟”，即花瓶中插有三支戟，“瓶”与“平”、“生”与“升”、“戟”与

"级"谐音，暗示"平升三级"。

此外，还有"蝠"与"福"、"扇"与"善"等谐音，以此表达向往美好生活的心愿；用荷花象征"出淤泥而不染"的高洁品德；用松、鹤象征长寿；盘长结象征回环贯彻，绵延不绝，阴阳相合，生生不息。

计成在《园冶》中提出，"莲生袜底，步出个中来；翠拾林深，春从何处是"。苏州园林中的花街铺地，我们若行走其上，就能像六朝的潘妃一样，步步踩出一朵朵莲花；也似春天踏着林间的幽径，流连忘情，却不知春从何处来。

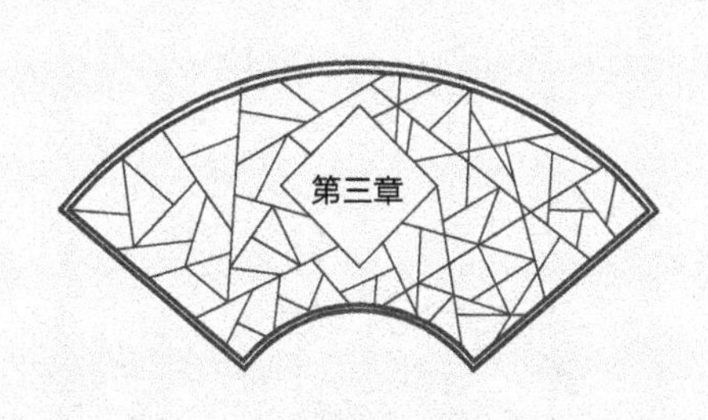

园林植物

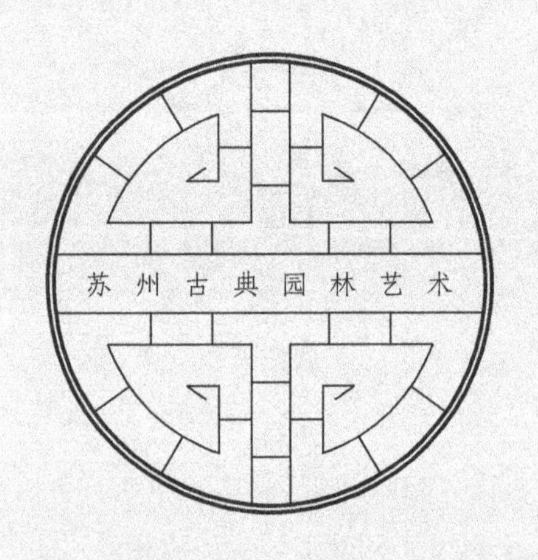
苏州古典园林艺术

第一节　园林植物种类

英国哲学家弗兰西斯·培根曾说："万能的上帝是头一个经营花园者。园艺之事也的确是人生乐趣中之最纯洁者。"他还说："它是人类精神底最大的补养品，若没有它则房舍宫邸都不过是粗糙的人造品，与自然无关。"

因此，树木花草对于造园来说至关重要，没有了它们，园林便缺少诸多美感，园林中的山体便也只是一个"毛发不存"的童山。

在中国的山水画中，我们常说山"得草木而华"。像江南的园林，大多是山水园林，因生态环境相对优越，由此能生发出一种林木葱郁的气象。

花木作为造园的四大要素之一，依其性状和应用，常可将其分为以下几类。

一、乔木

乔木是园林中植物景观的主体和骨架，也是构成园林山林景象和形成庭荫的主要元素。其所选种类如榆、榉、朴、枫、松、樟等，有的姿态古拙、苍翠入画，如庭前之桂、厅山之松；有的则翠樾千重、荫浓如盖，如留园中部的幽亭秀木，正如云林画意。

（一）桂

桂花为木樨科树种，因常丛生于岩岭之间，古代称为"岩桂""山桂"；又因其木材纹理如犀，故又称"木樨"。现代桂花品种可分为金桂、银桂、丹桂、四季桂等。桂花花小，淡黄色居多，因大多雌蕊发育不正常，所以往往只开花不结果，只有少数品种才会结果，如子桂等。

据范成大所撰的《吴郡志》记载，桂花本为岭南之物，到了唐代，才从杭州天竺寺移植到苏州来。其实桂花作为一种亚热带及暖温带树种，在苏州早已有之。晋代左思的《吴都赋》中就有"丹桂灌丛"之句。到了宋明时期，桂花已被广泛栽植于苏州的古寺、宅园之中，同时赏桂之风盛行。

李渔说，桂花“树乃月中之树，香亦天上之香也”，一丛盛放，香能透远，邻墙别院莫不闻之。每逢中秋佳节，广植于古典园林、风景名胜区及街头绿地中的桂花，金粟满枝，芳气四溢，整个苏州城区就沉浸在一片甜香之中。

每值桂花开时，一向有数日鏖热如溽暑，苏州人称为“木樨蒸”。据《桐桥倚棹录》中记载，苏州虎丘一带，春为牡丹市（商品买卖的地方），夏为乘凉市，而秋则为木樨市，金风催蕊，玉露零香，男女耆稚，极意纵游，兼旬始歇。

（二）松

松为百木之长，“岁寒，然后知松柏之后凋也”。苏州素为人文荟萃之地，长松落落，老者夭矫自若，少者婆娑数尺，自古名宅古园，代有所植。

环秀山庄假山上的黑松

苏州园林中的松树种类亦多，如拙政园的听松风处，现旁植苍老古拙的黑松，以形成“疏松漱寒泉，山风满清厅。空谷度飘云，悠然落虚影”（文徵明《拙政园图咏》）的意境。

东山紫金庵内有听松堂，由于山坳四周土生土长的马尾松，因风起涛，空谷响梵，如虎啸龙吟而闻名遐迩。

天平山高义园内有一棵相传为明代江南才子唐伯虎手植的古罗汉松，因其种子似头状，成熟时种托猩红如袈裟，全形宛如一个身披袈裟的罗汉而得名（其属罗汉松科植物，与松科针叶成束的松属树种形态殊异，本非一类）。

然而能独步古代园林的还数白皮松，无论是北方的皇家宫苑，还是江南的私家园林，都能见到它龙鳞古拙的身姿。中国园林讲究画意成景，即所谓的“入画”，所以松树贵老不贵嫩。

二、灌木

灌木是一类没有主干，常丛状生长的低矮树木，它在园林植物景观中常作地被植物或基础栽植用。

由于苏州园林大多墙高院小，常少阳偏阴，因此，常配植一些常绿且能耐阴的灌木，如南天竺、洒金珊瑚、瓜子黄杨等。这些灌木不但姿态极佳，或叶翠，或花冷，或实鲜，而且高洁耐赏，并能与狭小的空间恰成比例。

另一类开花灌木则在园林中应用得更为广泛。常绿者，如山茶、杜鹃、栀子花、迎夏、云南黄馨等；落叶者，如牡丹、月季、迎春、海棠等。某些花木常成为一园之胜。比如，牡丹素有“花王”的称誉，国色天香，早在隋唐之际已盛极一时，宋人更是把它列为“十二客”之首，并称为“贵客”，苏州园林中多见牡丹花坛。

留园揖峰轩花台中的牡丹

迎春花是一种木樨科素馨属的落叶灌木，一名“金腰带”，因其枝条“覆阑纤弱绿条长”，花色金黄如绶带的缘故而得名；又因其花与梅花相近，所以又有“金梅”的别称。明代王象晋在《群芳谱》中记载迎春花“人家园圃多种之”。

网师园迎春花

正因为迎春花有了梅花的某种特质，一些好事之徒认为它有点超越了本分，便给了它“僭客”的雅号。

艺圃一景

三、藤蔓

藤蔓是指一类不能直立，须缠绕或借助特殊器官攀附在其他物体上（如山石、墙垣、棚架）之上的一类植物。它们或具吸盘，如爬山虎、凌霄；或有卷须，如葡萄；或茎干攀缘，如木香、十姊妹等。在园林中，藤蔓常用来填补空白，增添生机，是棚架和垂直绿化的好材料，常见者如紫藤，常作花廊或花架用。

留园紫藤花架

苏州古紫藤极多，也不乏千年古藤。名声最著者要数拙政园现入口西侧庭园内的一架紫藤了，相传为明代著名画家文徵明手植。入春花垂盈尺，望之似珠光宝露；夏日则绿荫满架，溽暑顿消。额曰："蒙茸一架自成林。"李根源先生更是把它与瑞云峰、环秀山庄假山并誉为"苏州三绝"。

拙政园紫藤

四、竹

竹以其“似木非木，似草非草”“虚心密节，性体坚刚，值霜雪而不凋，历四时而常茂”的秀雅灵奇之态，贯穿于中国的造园史。

我国使用竹子的历史可追溯到五六千年前的新石器时期，栽竹的历史也极为久远,《穆天子传》中就有“天子（周穆王——著者注）西征，至于玄池……天子乃树之竹，是曰竹林”的传说。

江南人文荟萃，地沃物多，“三江既入，震泽致定。竹箭既布”，是出美竹的地方。竹箭早在上古时期便是这一地域与瑶、琨诸美玉相并列的贡品。而吴中“其竹，则大如筼筜，小如箭桂，含露而班，冒霜而紫，修篁丛笋，森萃萧瑟，高可拂云，清能来风”（朱长文《吴郡图经续记》），有着极高的造园与审美价值。

历代名园都有利用自然生长的竹或植竹造园的传统，如晋代的辟疆园、唐末五代的南园、北宋的沧浪亭、元代的狮子林、明代的拙政园等，无不以竹取胜。竹几乎成了苏州园林中不可或缺的一部分。

一代名园沧浪亭便是其中的一例。园主苏舜钦在《沧浪亭记》中载，“构亭北埼（弯曲的岸——著者注），号‘沧浪’焉。前竹后水，水之阳又竹无穷极。澄川翠干，光影会合于轩户之间，尤与风月为相宜”。可见，沧浪亭是个名副其实的竹园。

沧浪亭之竹

欧阳玄在《师子林菩提正宗寺记》中载，元代师子林，于初建之时，亦因“林有竹万个，竹下多怪石，状如狻猊者，故名师子林”。可见，当时建筑物不多，但挺然修竹则几万株，到明初犹然。

狮子林之竹

明代王氏拙政园是“池上美竹千挺，可以追凉”，并有“竹涧”“倚玉轩”“志清处”“湘筠坞”等诸多以竹为景观的园景。

范长白园（天平山庄）是“渡涧为小兰亭，茂林修竹，曲水流觞，件件有之。竹大如椽，明静娟洁，打磨滑泽如骨扇，是则兰亭所无也”（张岱《陶庵梦忆》）。

五、草本及水生植物

草本及水生植物种类繁多，但在古典园林中应用较多、能构成植物景观的，尤以芭蕉、芍药、兰花、书带草等为多。

芭蕉为多年生大型草本植物，因为栽植在轩馆书窗边，能使室内染绿，所以古人又称为“扇仙”“绿天”。古人认为，凡幽斋只要有空隙之地，就宜种植芭蕉。

耦园芭蕉

而芍药、菊花、兰花等观赏名种常为一园之胜，如网师园的芍药、沧浪亭的兰花。芍药亦称为“离草”“将离”。古代人们离别时，常以芍药相赠，早在周代就具盛名。《诗·郑风·溱洧》中云：“维士与女，伊其相谑，赠之以芍药。”意思是说，男男女女说说笑笑，临别时互赠芍药，以为结情之约。而牡丹只是依芍药而名为“木芍药”（如芙蓉与木芙蓉一样）。古人以为，一春花事，以芍药为殿。北宋哲学家邵雍的《芍药》诗云：“一声啼鴂画楼东，魏紫姚黄扫地空。多谢化工怜寂寞，尚留芍药殿春风。”网师园的殿春簃旧以种植芍药而闻名于当时，故以诗立景，以景会意，便以“殿春”名之了。

六、盆景、盆栽类植物

盆景、盆栽是古典园林中点缀或陈设在建筑物内或庭院中的常用之物，而插花主要用于室内的陈设，它们是室外植物景观在室内的延伸，也是一种植物景观在室内外的相互渗透。尽管它们在中国起源很早，但主要兴盛在明清两代，并成为雅俗共赏的植物类艺术。

盆景与盆栽是园林建筑物内及庭院中陈设、点缀的常用之物。庭院是室内空间的延伸和补充，把盆景或盆栽直接布置于此，更利于盆中植物的生长和发育；而将盆景、盆栽点缀于室内，则能使室内外的植物景观相互渗透。

苏州盆景源于唐宋，盛于明清，发展于当代。

明代文震亨在《长物志》中说：“盆玩时尚，以列几案间者为第一，列庭榭中者次之。”“最古者以天目松为第一，高不过二尺，短不过尺许，其本如臂，其针若簇，结为马远之‘欹斜诘屈’，郭熙之‘露顶张拳’，刘松年之‘偃亚层叠’，盛子昭之‘拖拽轩翥’等状，栽以佳器，槎牙可观。”其他如古梅、枸杞、野榆、桧松等，均为盆景佳品。

在室内陈设方面，盆景宜少而精，“斋中亦仅可置一二盆，不可多列”。对于大型盆景置列于庭院之中，则“得旧石凳或古石莲磉为座，乃佳”。

在明清两代，许多园林都以盆饰为玩，如成书于明末的《梼杌闲评》中就有这样的描写：“进来是一所小小园亭，却也十分幽雅。朝南三间小楼，槛外宣石小山，摆着许多盆景，雕梁画栋，金碧辉煌。”正所谓盆景、盆栽家家有。

第二节 园林植物配置

园林植物的配置，即运用乔木、灌木、藤本植物及草本、水生植物等素材，通过艺术手法，考虑各种生态因子的作用，充分发挥植物本身的形体、线条、色彩等方面的灵感，创造出与周围环境相适应、相协调，并表达一定意境或具有一定功能的艺术空间。

一、满足植物的生长习性

植物有喜光和耐阴之区分，要因地制宜地进行配置，如牡丹因其姿丽花艳，又喜高爽，向阳斯盛，所以常用文石为台；把玉兰、海棠、牡丹、桂花四种花木配植在一起，取其谐音，称为“玉堂富贵”；丛桂、修竹远映，一般主植于主厅之南，如狮子林的燕誉堂、拙政园的远香堂、怡园的藕香榭等。

留园牡丹花台

南天竺、书带草耐阴，故常配置在面积较小的庭院中，如留园的花步小筑庭院，因面积极小，只在墙角点衬几块山石，种以天竺，植数丛书带草，尺树片石之中，却能表现出无穷的绿意。

留园花步小筑庭院中的南天竺、书带草

二、满足造园的功能要求

园林植树，孤植可构成庭荫或园景，列植花、灌木可构成自然式的花篱，丛植可构成园林景观，群植则可构成山林景观。苏州气候四季分明，夏天溽热，冬季寒冷，又因建筑物所形成的庭院（天井）大多狭小，因此，园主们常在庭院西侧栽植一些观赏性较大的落叶乔木，如榉、槐、朴、楸、梓、枫等。孤植也常用于建筑空间的营造，如留园的绿荫轩和明瑟楼之间植有高大的青枫（鸡爪槭）一株，将其作为绿荫轩平屋和明瑟楼楼阁之间的联系和过渡，这样在景观立面上形成一种简单的节律变化。

环秀山庄朴树

群植成片林，则可形成山林之气。群植讲究主次分明，疏朗有序，空间过渡上开阖有致，同时还要考虑植物的季相变化和林冠或树冠的天际韵律等。比如，拙政园中部远香堂北的池岛上，杂树成林，蔚然深秀，借乔木而形成起伏多变的天际线（林冠线），从而丰富了园林空间的立体美，同时又遮挡了游人远观的视线，形成了一个由亭、台、山、水组合的闭合空间。游人闲坐在远香堂内，犹如置身在自然山水之间，而它从东到西依次排列的三个小岛所摹写的正是苏州近郊的太湖名胜之区。

待霜亭，取韦应物的《答郑骑曹青橘绝句》“怜君卧病思新橘，试摘犹酸亦未黄。书后欲题三百颗，洞庭须待满林霜”诗意而名。苏州郊外的洞庭东、西山自古以来就盛产柑橘，柑橘入秋结实，初绿后黄，霜降后开始泛红，故被称为“洞庭红”。

雪香云蔚亭以周边广植梅花、杂树参天而得名。洞庭东、西山是著名的产梅地区，如光福的邓尉山一带“山中梅最盛，花时香雪三十里”（明袁宏道《吴郡诸山记》），时人称“香雪海”。

荷风四面亭则四面临水，凡江南有水的地方，多有荷花生长，“江南可采莲，莲叶何田田”。每逢夏日，碧天莲叶，风带荷香，扑面而来。

留园中部水池北面的主假山为典型的石包土假山，所以树木能和叠石相结合。游人身处山林近观，树石相依，树以石坚，石以树华，大树见根不见梢，宛如置身山林间；而从池南的楼榭中远眺，则假山露脚（池岸叠石）不露顶，大树见梢不见根，美自天成，堪得画理。

树种以银杏、南紫薇、榔榆等落叶乔木为主，间杂木瓜、丁香之属，春英夏荫，秋毛冬骨，与池西假山上的香樟、桂花等常绿树种适成时比。这样常绿树种便隐去了池西假山的最高点，从而突出了池北假山的主景地位。水池南面则在高低错落、造型多变的建筑物间留有形状、尺度富有变化的庭院，并布置竹石花台小品，以与山池相协调。

水生植物主要作点缀水景之用，苏州园林中常见的有荷花、睡莲等。一般池大者宜植荷，但应控制其生长。古时常埋缸于池底，花开时亭亭玉立，莲叶田田，宛在水中央，更能体现其“出淤泥而不染”的高洁形象。池小者宜植睡莲，如网师园的彩霞池、虎丘山的白莲池等，叶伏波面，花缀其间，蕃茂于碧水涟漪之上，别具情趣。

网师园彩霞池睡莲

网师园引静桥之络石藤

拙政园的荷风四面亭之北的水湾一角，于黄石矶隙之处，配植芦苇几丛，更能体现出江南园林的自然野趣。水池驳岸处配植云南黄馨等披散性花灌木及薜荔、络石等藤本植物，不但能使池岸山石显得苍古多致，野趣横生，更能弥补和遮蔽驳岸的不足，加强山石与水面的过渡联系。水从灌丛中出，更具水乡弥漫之感。诸如，花之引蝶，果之招鸟，亦能活跃园林气氛。而山林岩隙，或土坡之上，常配植姿态低矮成丛的野生箬竹，以增添山林野趣，如沧浪亭的假山、拙政园的枇杷园等。

三、兼顾植物的季相变化

入春时白玉兰一树千花，秋时桂花金粟万蕊。因此，在园林中，园主常将桂花和玉兰对植。“两桂当庭”“双桂流芳”寓意吉祥，富与贵集中于一堂，含“贵子登科”之意。《长物志》中云：“玉兰宜种厅事前，对列数株，花时如玉圃琼林，最称绝胜。”网师园的万卷堂前对植白玉兰，即为一例。玉兰宜春，开花时冰清玉洁，也许更能体现出评价标榜的那种“清能”品德，而其花先于百花开放，正是“早达”的征兆。

园林庭隅中将白玉兰与金桂相配，其花一春一秋，一白一黄；其树一常绿，一落叶。春天玉兰花开，千枝万蕊，玉树琼花；夏日兰桂枝叶扶疏，绿树成荫；仲秋金粟缀枝，丹桂飘香；冬则玉兰叶落，季相分明，变化有致，俗称“金玉满堂”，堪称佳偶天成。

冬，则蜡梅与南天竺相配；蜡梅为寒客，素有“寒中绝品”之称，严冬之际，黄花红果，倾盖相交，若遇雪压花枝，则更具韵味。

四、“栽花种竹，全凭诗格取裁”

苏州园林中，或片石修篁，或虬枝杂花，它们像一幅幅绘画小品，似小诗，如短歌。

江南的建筑，常有四面闭合的庭院，形状似“井”而露天，所以称“天井”。

天井中多有花台或花池，栽植一些主人喜爱的花木。像清代的郑板桥，喜欢兰、竹。他在《竹石图》题款中说："十笏茅斋，一方天井，修竹数竿，石笋数尺，其地无多，其费亦无多也。而风中雨中有声，日中月中有影，诗中酒中有情，闲中闷中有伴，非唯我爱竹石，即竹石亦爱我也。"植物无多，却意味深远。

园林书屋，阶前窗外，多植竹、芭蕉和书带草，可谓书窗"三宝"。

留园庭园书窗

古人对竹多有偏爱。刘兼的《新竹》诗云："近窗卧砌两三丛，佐静添幽别有功。影镂碎金初透月，声敲寒玉乍摇风。"竹影摇曳于粉壁、窗外，更能衬托出幽静的读书境界。古人植蕉，除了其叶大招凉之外，尚可节俭以代纸，所以李渔称"竹可镌诗，蕉可作字，皆文士近身之简牍"。植蕉能韵人而免于俗，所以"书窗左右，不可无此君"（明王象晋《二如亭群芳谱》）。

书带草，又名"沿阶草"，叶丛生如韭，色翠妍雅。《二如亭群芳谱》中说，出自山东淄川城北郑康成（汉末经学家郑玄）读书处的，名“康成书带草”者，最为名贵。苏东坡亦有“庭下已生书带草，使君疑是郑康成”的诗句咏之。所以，书带草和竹、芭蕉一样是苏州园林中书窗檐下最不可少的植物，它常被配植于山石之隙，或映阶旁砌，“萧萧而不计荣枯”“庶长保岁寒于青青”（陆龟蒙《书带草赋》）。

至于庭院、山林，或仿云林画意，幽亭秀木，自在化工之外，有一种灵气；或承石田遗风，苍润浑朴，如沧浪亭山林。

五、遵循习俗，追求吉祥

陶渊明的《归园田居》中云：“方宅十余亩，草屋八九间。榆柳荫后檐，桃李罗堂前。”苏州园林中的植物配置也沿用了我国古代的传统习俗。比如，“室前栽碧梧，室后植翠竹”是较为常见的一种习俗配置，拙政园中部的梧竹幽居便是一例。

古人认为：“凤凰非梧桐不栖，非竹实不食。今梧桐竹并茂，讵能降凤乎？”因梧桐发叶较迟，而落叶最早，故有“梧桐一叶落，天下尽知秋”之说。明代陈继儒认为，“凡静室须前栽碧梧，后栽翠竹”，并谓碧梧之趣，“春冬落叶，以舒负暄融和之乐；夏秋交荫，以蔽炎烁蒸烈之威”。

白杨之属虽和梧桐一样，可速生成荫，但在苑园家斋中栽植，因语意不祥，所以常忌讳栽种。比如，唐初因宫中少树，曾种植白杨，因为此树易长，不用几年就能长成遮阴的大树，但一位大臣引古诗云“白杨多悲风，萧萧愁杀人”，非宫中所宜，就拔掉白杨，改栽梧桐了。

再如，庭前种榉，多取其意，应合了中国古代科举取士“中举”的美好寓意。

第三节 园林植物品赏

中华民族对植物有着与生俱来的崇拜。王国维等人甚至认为，连上帝的“帝”也来源于花蒂的“蒂”，是花的象形字。花开花落，蒂落瓜熟，对于农耕社会的先民来说，它不单单是四季的交替，也是人类社会子孙万代绵延不绝的美好象征，甚至有些异想天开的文人，还从中悟出了“千万年兴亡盛衰之辙”的道理来，无论是秦亡汉兴，还是唐衰宋盛，无非是“花开花落”罢了。

中国人把对大自然的喜爱也带到了生活中来，把它呈现在庭园之中，于是便有了小中见大的一花一世界。唐宋以来，士大夫们伴随着季节的变换，举行各种各样的赏花活动，每逢开花时节，便邀集朋友们相聚，一起赏花宴乐。

比如，在唐代，每逢牡丹花开时节，便要举行盛大的花会，上至帝王将相，下到黎民百姓，全城出动，前去赏花。据说，那时花的价格也会随之上涨，所谓“一本有值数万者”，就连白居易都感慨：“一丛深色花，十户中人赋。”洛阳的牡丹花会一直延续到了今天，每年 4 月前后，仍有数以万计的市民和游客前往洛阳赏花。

明代中叶以后，士大夫对花卉的赏玩达到空前盛况。在苏浙一带，如南京、扬州、苏州、杭州等城市，文人富豪比较多，节庆交际也多。有些苏州富贵人家还会在清明节至立夏这段花卉集中开放的时间大开园林，供人进园游赏，这样的习俗叫作“清明开园”。那段时节的园子分外热闹。像现在留园的入口处，就是当时园主为了方便游人入园观赏而在清道光三年（1823）开设的沿街大门。

留园入口

一、园林植物品赏具有时令性

花开有季节，花木的品赏也讲究个节序。比如，民间有这样的谚语：“谷雨三朝看牡丹，立夏三照看芍药。”谷雨、立夏分别是看牡丹、芍药的时节。而到了端午节，家家户户便把石榴、向日葵、菖蒲、艾叶、黄栀子插在花瓶中，称为“五端”，它们不仅可以观赏，还被认为可以辟除不祥。就在这样的环境下，观花、赏花、品花，成了人们生活中重要的雅事了。除了在庭园中栽植牡丹、芍药、菊花之类的花卉外，花木盆景，如盆松、盆梅等，也是当时的流行文化，瓶花更是不可或缺的居家物品。《群芳谱》《花镜》《瓶花谱》《瓶史》《学圃杂疏》等一大批和花木栽培应用有关的专著应运而生。雪后寻梅，霜前访菊，雨际护兰，风外听竹，文人的这些高雅文化也成为当时的流行风潮。

二、园林植物的四季品赏

弗朗西斯·培根曾设想，“在皇家花园底经营中，应该一年之中每个月都有花圃；在其中可以每月各有当令的美丽的花木”。他还列举了一系列适合伦敦不同月份的花木。在这位大哲学家生活的那个时代，中国江南一带的城市早已实现了他的设想。园圃相望，丛花茂树，给人以四时之游乐。

远离江南的长安京畿，明代文学家、戏曲家屠隆是这样描述采芝堂的：“堂后有楼三间，杂植小竹树，卧房厨灶，都在竹间。枕上常听啼鸟声。宅西古桂二章，百数十年物，秋来花发，香满庭中。隙地凿小池，栽红白莲，傍池桃树数株，三月红锦映水，如阿房迷楼，万美人尽临妆镜。又有芙蓉蓼花，令秋意瑟。更喜贫甚道民，景态清冷，都无吴越间士大夫家华艳气。”

春天有池边的桃花，夏季有红色、白色荷花，秋日有芙蓉、蓼花，伴随着阵阵桂香，冬有绿竹映衬，而能于枕上听鸟鸣。这种清冷的景态，与苏州、杭州一带城市的奢侈华艳不可同日而语。其实这就是屠隆所追求的隐逸于江南田园生活的真实写照。

我们不禁好奇：苏杭一带奢侈华艳？怎么个奢侈华艳法？那就一起来看看明代大学士，同时也是苏州人的王鏊是怎么说的。他在《姑苏志》中说，吴地的风俗“多奢少俭，竞节物，好游遨”。原来，春赏梅，夏观荷，秋品菊，冬天则有南天竺、蜡梅，古时候，苏州人一年四季的赏花游乐不计节俭，较其他地方确实奢侈华艳。

春天去赏梅。明清时的苏州人，早春季节，要到光福的邓尉山香雪海去赏梅。“香雪海”是一个地名，同时也是人们对苏州邓尉山一带梅花的赞叹。清代江苏巡抚、著名诗人宋荦来到邓尉山，看到如海荡漾、若雪满地的梅花，在岩崖上题写“香雪海”三个字后，邓尉的梅花便名动天下了。

苏州邓尉山香雪海

文人们根据花开的时间，把香雪海的赏梅分为三个阶段，即“探梅”“赏梅”“邂梅”。看梅花的“将开未开”是“探梅”，探梅时节，梅花含苞待放，少量梅花俏放枝头，是寻梅、画梅的最佳时节；看梅花的“花开全盛”是“赏梅”，此时的梅花幽香扑鼻，花光乍吐，最是美丽；看梅花的“花谢凋零”是“邂梅”，这时大部分梅花逐渐凋零，而美人梅、杏梅、雪见车等迟开的梅花却陆续开放，也给人一种全新的视觉感受。古时一些颇具清名的高士，会坐船去赏梅。苏州是水乡，坐船就像在北方骑马一样，文人们出行，便乘着自家的游船，或访友雅集，或踏雪寻梅。直到现代交通工具的出现，才改变了江南传统的乘船出行方式。

夏天是赏荷花的季节。据说，农历六月廿四是荷花生日，这一天，苏州葑门外的荷花荡里，游船画舫，人山人海。人们竞相去观荷纳凉，但往往是船多得都看不见荷花。最煞风景的是，这天还常常会有雷阵雨，弄得游人只好赤脚而归，所以当时就有了“赤脚荷花荡”的民谣。

关于赏荷，还有一则元末大画家倪瓒的故事。据说有人为了能够邀请到他来观赏荷花，还弄出许多的花样来。故事是这样的，荷花开时，园林主人邀请倪氏前来观荷，倪氏欣然前往，但到了之后，看到的只是一个空的庭院，并没有荷花，主人便请他先吃饭再说。等他吃了饭再登楼，看到刚才的庭院变成了一只方池，池中荷花盛开，鸳鸯戏于莲叶之间。倪氏大为震惊，一问才知道，原来是园主种了数百盆的盆荷，当花开时，便把盆荷移到庭院中来，再用水渠往庭院中灌水，放些珍禽野草，这样整个庭院就像天然的荷花荡了。可以说，古人为了赏荷，为了与性情高洁的人一同赏荷，也是煞费苦心啊。

到了秋天，自然是赏菊了。

中国人喜欢并崇拜菊花，却很少有人知道菊花是太阳的象征。古人把菊花称作“日精”，不仅在于它的外形像太阳，而且还因为菊花能耐寒，凌霜而开。按照传统习俗，农历九月初九重阳节，人们要登高，饮菊花酒，插茱萸花，以此来祛除灾难和厄运。

关于这个习俗的起源，还有一个有趣的故事。传说东汉时，汝南县有一次突然发生了大瘟疫，有一个叫恒景的人，他的父母也都在瘟疫中去世了，他侥幸逃过一劫后，来到东南山拜师学艺。费长房收他为徒，并给了他一把降妖青龙剑，从此恒景早起晚睡，勤学苦练。有一天，师父费长房说：“九月九日，瘟魔又要来了，你可以回去除害了。”说完还给了他一包茱萸叶子、一瓶菊花酒，让他带领家乡父老登高避祸。九月初九那天，他领着妻子儿女、乡亲父老登上了附近的一座山，把茱萸叶分给大家随身带上，让瘟魔不敢近身，又把菊花酒倒出来，每人喝一口，以此避免感染瘟疫。他自己却和瘟魔搏斗，最后杀死了瘟魔。从此，汝河两岸的百姓，就把九月初九登高避祸、恒景剑刺瘟魔的故事一直传到了现在。从那时起，人们就开始过重阳节，有了重九登高的风俗。有些地方的人把茱萸叫作“辟邪翁”，把菊花叫作“延寿客”，九月初九那天把菊花、茱萸放在酒中饮服，祈愿消除灾厄。每年帝王贵族之家都要在这一日赏菊，平民百姓之家也要到市面上买一两株菊花玩赏。

到了每年的春节，江南的文人士大夫们要么用花木盆景来布置厅堂，要么用丹青墨妙来点缀居室，他们称这样为“岁朝清供”。他们喜欢用梅花、山茶、水仙配上奇石、灵芝等，来表达岁首迎新的喜气。在清代陈书创作的《岁朝丽景图》中可以看到，一个瓷盆中，按照花木的高低比例和花色特性将花交错栽植，贡石为寿，加上水仙、天竺，寓意“天仙拱寿”，其他的百合、柿子、灵芝、苹果，则有百事如意、平安如意等寓意。周瘦鹃在《拈花集》中也这样记录着：“一九五五年的岁朝清供，我是在大除夕准备起来的。以梅兰竹菊四小盆，合为一组，供在爱莲堂中央的方桌上，与松柏等盆景分庭抗礼。”

中国人对于四季花卉的品赏，以及花木盆景的痴迷，正是江南地区发达的经济给城市带来了空前繁荣的结果，而奢侈好游便是其中的一大特色。中国传统的知识阶层喜欢沉醉于大自然中，享受那种怡然自得的乐趣，他们除了造园赏花外，莳植盆景和清赏插花等，都是诗意生活的写照，也是当时文人士大夫阶层的时尚生活的反映。这些都能在园林中窥见一斑。

三、苏州古典园林的典型植物

以下选取苏州园林中最常见的五种植物，将其与五个以植物命名、以品赏植物著称的建筑结合起来，一同来感受园林植物的魅力。

（一）荷——拙政园远香堂

荷花含有多重吉祥的寓意，自佛教传入中国后，它更有了祥瑞和高洁的寓意。在我国民间，还有很多利用荷花的谐音和图画来象征吉祥的。

关于园林中的荷花，我们选取的是拙政园。拙政园里有很多因荷花命名的景点，如芙蓉榭、远香堂、荷风四面亭和留听阁等。

拙政园远香堂匾

现在着重介绍远香堂，它的命名、选址、建筑结构及功能都与荷花有着极深的渊源。

首先，远香堂的堂名取自北宋周敦颐《爱莲说》中的“香远益清”的句意。《爱莲说》中写道：“水陆草木之花，可爱者甚蕃……予独爱莲之出淤泥而不染，濯清涟而不妖，中通外直，不蔓不枝，香远益清，亭亭净植，可远观而不可亵玩焉。”历代歌咏荷花的作品很多，只有《爱莲说》意境最高远，道出了荷花在污浊环境中还保持高洁品格的特性。而拙政园园主以荷花自喻，借此来标榜自己的清高。

其次，来看远香堂所处的位置。它是拙政园中部景区的主体建筑，面水而筑，面阔三间，堂北有一块宽敞的观景平台，平台连接着荷花池。每逢夏天来临的时候，池塘里荷花盛开，游人站在平台上，可以看到满池的荷花。

如果觉得在平台上观荷会被太阳晒到，那么不妨到远香堂内来。为了方便游人在堂内观荷，主人在堂中没有设置一根阻碍活动和视线的亭柱，倒是在墙上设计了一排玻璃漏窗。游人可以透过窗户清楚地看到外面的荷景，而且每一个方窗就是一幅画，每一幅的景致都不一样，有移步换景的情趣。我们可以想象当初园林主人在长夏消暑时节，邀二三知己，品着东山碧螺春茶，端坐在红木太师椅上，望着四面碧水，风动荷开，香远益清，是多么惬意的事啊！

（二）竹——沧浪亭翠玲珑

竹具有非常丰富的象征义。它的外形象征着年轻、高风亮节；它的特质是柔中有刚、谦虚。竹的外形纤细柔美，四季常青，象征年轻；竹节毕露，竹梢拔高，被喻为高风亮节。竹的特质是弯而不折、折而不断，象征着柔中有刚的做人原则；竹子空心，象征谦虚。竹子丰富的象征意义和柔美的外形，为历代文人所喜爱。

苏东坡曾有一首脍炙人口的关于竹的诗《於潜僧绿筠轩》："可使食无肉，不可使居无竹。无肉令人瘦，无竹令人俗。人瘦尚可肥，士俗不可医。旁人笑此言，似高还似痴。若对此君仍大嚼，世间那有扬州鹤。"而郑板桥更是以画竹自励，托竹寓意，把画中竹子的象征意义推到了极致。正因为文人爱竹，在后世的文人私家园林中才都广泛种植竹。

沧浪亭翠玲珑

苏州古典园林中，栽竹最早、竹的品种最多的是沧浪亭，而沧浪亭中最有特色、最醒目的植物也是竹。以下介绍翠玲珑。

翠玲珑在看山楼的西面，是一片青青的竹林。游人如果来到这里，便能感受到竹子那特有的令人赏心悦目的翠绿。清风徐来之时，竹叶发出的沙沙声更衬出竹里的宁静。在喧嚣红尘中沉浮的人们置身竹林，仿佛进入了一片宁人心志的清凉世界。

在这片竹林中，有三间低矮的屋子，曲折有致地连在一起。这里原来是园主的书斋。在皓月当空的夜晚，万籁俱寂，皎洁的月光透过婆娑的竹叶在粉墙上投下点点斑驳，一幅生动的墨竹图就呈现在了眼前。

苏舜钦曾用“秋色入林红黯淡，日光穿竹翠玲珑”的诗句来描绘这里的景色。因此，这间竹中书屋就被题名为“翠玲珑”。

在翠玲珑的周围有近二十种的竹子，如箬竹、慈孝竹、湘妃竹、水竹、金丝竹等。沧浪亭园主苏舜钦用“高轩面曲水，修竹慰愁颜”的诗句来向人们表明他园中种植竹的心志。

竹子虚心有节、清秀挺拔的品性素来符合古代士大夫文人所崇尚的守道、有节的伦理规范。而沧浪亭园主在园中种竹，也体现了他刚正不阿的性格。同时，竹林营造出的清雅脱俗的环境，又足以让人神清气爽，烦襟顿释。

（三）桂——留园闻木樨香轩

我国古人常以桂花来赞喻秋试及第者，称登科为“折桂”。后来因为月中有桂，而月宫也被称作“蟾宫”，于是“蟾宫折桂”便成了古人仕途得志、飞黄腾达的代名词。“桂”还是崇高和荣誉的象征。在古代，桂花是友好和吉祥的象征。战国时，燕、韩两国就以互赠桂花表示友好。在盛产桂花的少数民族地区，青年男女还常以互赠桂花表示爱慕之情。

苏州园林中也广泛种植了桂树。以下着重介绍的是位于苏州市阊门外留园中的闻木樨香轩。

木樨就是桂花，在苏州，人们常将桂花称作“木樨花”，同时，它也是苏州市的市花。

闻木樨香轩，位于留园中部的最高处。这里山高气爽，是观赏秋景的佳处。闻木樨香轩因四周遍植桂花而得名。轩前有一副对联：“奇石尽含千古秀，桂花香动万山秋。”这是描述桂花香味的一副对联，意思是：此处千姿百态的湖石在桂花树的掩映下，显得玲珑而古朴，而每到秋风送爽时，满山荡漾着桂花的香气。这里的“动”字用得极妙，将“香味”这一园林中的虚景写活了。人们可以想象，每逢秋季，坐在轩中，木樨花的香味熏人沉醉。

不仅如此，闻木樨香轩还是留园最具禅意的地方。轩名“闻木樨香”取自一则佛教公案，说是桂花香味曾使黄庭坚突然开悟。园林主人在这里遍植桂花，似乎在暗示着人们，佛理就像这桂花香气一样，虽然看不见、摸不着，但它无时不在，无处不在，只要用心参禅，人人都可以顿悟得道。

留园闻木樨香轩

留园“闻木樨香”匾

（四）松——网师园看松读画轩

松是数千年来文人墨客所咏赞、图绘的对象，也是历代朝野普遍珍视的吉祥物。在我国传统的植物文化观念中，松被视作“百木之长”。松最大的特点是凌霜不凋、冬夏常青，早在两千多年前，孔子就赞叹道：“岁寒，然后知松柏之后凋也。”因此，松被视作长青之树，被赋予延年益寿、常青不老的吉祥寓意。

中国传统园林对花木的选择标准有四个，即姿美、色美、味香、寓意。松作为园林中的植物，虽然从色彩、味觉上不如其他植物，但是以其独特的形态美和象征意义而成为园林中重要的组成部分。

下面以网师园的看松读画轩为例来进行介绍。

看松读画轩的周围种植有许多古松，连轩的名字也是因庭前的古柏苍松而得。

柏树已有近千年历史，可以说是目前苏州园林中保存下来的最古老的树木之一了。据传是南宋时期园主史正志手植，原有两株，西侧一株在 20 世纪中叶枯死了，现存一株更显珍贵。它的顶梢已经枯萎，树身中空，三根侧枝依然叶枝扶疏，倒挂悬垂，苍翠盎然，犹如鹤立鸡群。古柏历经宋、元、明、清，烟云过处，古今兴亡犹如浓缩的史籍在这里凝固。这也是网师园悠久历史的见证。

网师园史正志手植古柏

这里是园主所布置的冬景的所在。严冬季节万木凋零，只有松柏常青，此时观赏，更见精神。用“读画”一语，意思是要深入体味它的神韵。可以把这两个字分开来看。先来看这个“画”字，主人是将眼前的场景和这些松柏看成一幅画，这也体现了中国古代山水画对于园林布局的影响。再来看“读”字，人们一般说“看画”，这里为什么要用“读画”呢？“读”就是去感悟、去体会，也就是说用心才能品味出这幅画的意境。这也就是园主想要达到的意境。

网师园看松读画轩

（五）梅——狮子林问梅阁

梅花作为中华民族的精神象征，具有强大而普遍的感染力和推动力。梅花象征坚韧不拔、不屈不挠、奋勇当先、自强不息的精神品质。其他花都是春天才开，它却不一样，越是寒冷，越是风欺雪压，花开得越精神、越秀气。

梅花斗雪吐艳、凌寒留香、铁骨冰心、高风亮节的形象，鼓励着人们自强不息、坚韧不拔地去迎接春的到来。在文学艺术史上，梅诗、梅画数量之多，足以令任何一种花卉望尘莫及。

在苏州园林中，梅也是普遍存在的，如狮子林，其中和梅相关的景点有问梅阁、双香仙馆、扇亭和暗香疏影楼等。这里要详细介绍的是问梅阁。

狮子林问梅阁

问梅阁周围遍植梅花，最初的古梅“卧龙”已经枯萎，现在的梅花是后来补种的。在这里，人们可以想象当梅花盛开的时候，推窗见三五株梅树，疏影横斜，暗香浮动，而人在阁内临风御香，何等惬意。

既然用梅来命名，阁内的设置当然都与梅有关，如地面、屏风、窗式、家具、书画等都是以梅为主题的。

狮子林问梅阁内饰

关于“问梅阁”名字的来历有两种说法。一种是在阁内看到的匾额“绮窗春讯”，这与唐代诗人王维的诗句“君自故乡来，应知故乡事。来日绮窗前，寒梅著花未”相呼应。最后一句的意思就是：梅花开了吗？这首诗表达的是诗人借问故乡的梅是否开放来表达他的思乡之情。

另一种说法是出自禅宗公案“马祖问梅”。马祖的弟子大梅法常禅师，因听马祖说“即心即佛”而开悟，开悟后云游四方。马祖派人去测试他，对大梅法常说：“大师近来佛法有变，以前说即心即佛，现在说非心非佛了。”大梅法常笑道：“这老汉专门迷惑人，他说他的非心非佛，我只管即心即佛。”马祖听后很满意，对众人说：“梅子熟了。”意思即徒弟的佛教学说成熟了。在这里建造“问梅阁”，是把狮子林创始人天如禅师比作唐代高僧马祖的徒弟大梅法常，说明他已能独立弘扬佛教禅宗了。这也能够体现狮子林曾是一座寺庙园林的历史。

这里选取的五种园林中的植物，如果按季节划分的话，分别是春竹、夏荷、秋桂、冬梅，另外一个是一年四季可观的松。这里选择的是不同园林中的四季景致，实际上在同一个园林中，也四季可赏，四季皆有景，而且很多都是植物所营造出来的。最典型的，如拙政园中春景以牡丹为代表，夏景以紫薇和荷花为代表，秋景以橘树和菊花为代表，冬景以梅花和枫树为代表。苏州的其他园林大多如此，这些艳丽的花木将园林一年四景表现得淋漓尽致，极富美感。所以说，苏州最好的四季都在园林里。

四、天平红枫

苏州天平山是国家太湖风景名胜区的重要景区之一，海拔 221 米，是苏州西南诸山中最为高峻的一座山峰。因其山巅平整，故名“天平山”。山上白云缭绕，又名“白云山”，全山上下分为上白云、中白云、下白云。北宋时期范仲淹将其高祖葬于山麓，宋仁宗便把天平山赐给范仲淹为家山，故又称“范坟山”。

天平山先忧后乐坊

天平山南麓古枫参天，松掩庄园，范仲淹纪念馆坐落其中。

山中峰奇石怪，清泉叮咚；山顶平如刀削，视野千里。这里自然风光旖旎，景色宜人，自唐代以来，就已成为旅游胜地，有“吴中第一山”“江南胜境”之美誉。景区内的清泉、奇石、红枫被人们赞誉为“天平三绝”，吸引着无数历史名人、文人墨客。白居易、范仲淹、唐伯虎、康熙皇帝、乾隆皇帝等历史名人均在天平山留下了许多的遗迹和传说。

天平山庄是范仲淹第十七世孙范允临所建。明万历年间，范允临辞官后回到故土苏州，在天平山祖墓旁营建别业，是为天平山庄。天平山庄主要由咒钵庵、来燕榭、范参议祠、高义园和白云古刹五个主体部分组成，附属建筑还包括高义园石坊、接驾亭、御碑亭、十景塘、宛转桥和古枫林等，占地总面积约5.3万平方米。

天平山御碑亭

远上寒山石径斜，白云生处有人家。

停车坐爱枫林晚，霜叶红于二月花。

——（唐）杜牧《山行》

每逢秋高气爽、霜林醉红之际，凡爱好秋色的人们，自然会吟起唐代诗人杜牧的这首天下名诗。而秋到江南，值枫枝撼红之际，融自然景观与人文景观于一体的天平胜景，自然也是人们游览赏枫的最佳选择了。有诗曰："丹枫烂漫景妆成，要与春花斗眼明。虎阜横塘景萧瑟，游人多半在天平。"天平山看枫叶，代代沿袭，年久成俗，现已推出一年一度的天平山红枫节，引得海内外无数游客纷至沓来。

天平红枫素有"天平红枫甲天下"的美誉。它之所以能与天下的赏枫胜地相媲美，与北京香山、南京栖霞山、长沙岳麓山并称为中国的四大赏枫胜地，是与它独特的地理环境和人文历史分不开的。

天平山位于苏州城西，山顶平正而山势高峻，是一座以花岗岩侵入体为主的断层山。冲积而来的山麓土壤深厚肥沃，山体又多泉，涓涓细流与山涧相汇聚，积水于山麓之湖"十景塘"，水系丰富，大旱而不竭。山坳坐西朝东，状若簸箕，形似座椅，独得纯阳之气，所以杂树参天，云气萦绕，风水特佳，从而形成了适合众多植物包括枫香在内的极佳生长环境。

天平山白云古刹

因此，自从明代万历年间范仲淹十七世孙范允临弃官还乡重修天平山祖茔时，将从福建带回的380株枫香幼苗栽植于此。这些枫香虽经历了四百多年的风雨沧桑，却因有日月的浸润和沃土的滋养，树势依然强健，生机勃发。每当深秋之际，枫林经霜，层林尽染，娇艳如醉，从而形成了闻名遐迩的“万丈红霞”之景。殷红的霜叶之美可与越女西施相争艳了。

天平红枫

纵观天下的赏枫胜地，无论是北京香山的黄栌，还是南京栖霞山的枫香，大多为自然生成之林，然而像天平山那样由名人手植，虽经数百年而独存于天地之间的古枫香林，可谓凤毛麟角。它与范仲淹的“先天下之忧而忧，后天下之乐而乐”的忧怀之观一样，早已成为一个时代的文化符号，有着独特的历史价值和文化意义。

天平山之枫，学名“枫香”，古称“香枫”“灵枫”等。《尔雅》云：“枫，摄摄。”《汉书》注云：“风则鸣，故曰‘摄’。”枫叶遇风而鸣，摄摄作响，所以又称“摄摄”。在现代分类学上，枫香则为金缕梅科枫香树属。其叶呈掌状三裂，叶缘有锯齿，头状果序呈圆球形，果序成熟干燥后称为“路路通”。

《花镜》云：“枫，一名欇，香木也。其树最高大，似白杨而坚，可作栋梁之材。”其果可焚作香；树皮流出的树脂叫“白胶香”，可代作苏合香之用；其叶“一经霜后，叶尽皆赤，故名丹枫，秋色之最佳者。汉时殿前皆植枫，故人号帝居为‘枫宸’”。

也许这位官至福建布政使司右参议的范允临先生，正是看中了汉时植于宫殿前的这种“栋梁之材”，才不辞劳顿（古人海运须用石等压舱，如陆绩的“廉石”，范氏则用树苗），以其装点祖茔山林，期盼子孙光耀门楣吧。

另据《吴县志》记载：“枫似白杨，叶作三脊，霜时色丹，故有‘枫落吴江冷’之句。”有人考证：其枫其实就是乌桕。

时世变迁，沧海桑田，天平山原有的380株古枫，虽然至今仅存154株，而且大多已呈老态龙钟之势，但是各显异态，独具景致。有的根部盘突，树瘤奇特；有的枝干四展，叶茂如盖；有的两三株作丛生状，似扶持相依，喁喁细语；有的则横枝照水，鲜红的枫叶将水面染了个通红，倒影摇动，水光涟漪，从而构成了一幅幅天然图画。

近年来，由于天平山风景管理处不断补植了“接班枫”3000余株。因此，新老枫香交相辉映，景致更为壮观。深秋之际，枫叶在低温和霜冻的作用下，叶内细胞液中的花青素不断地形成和积累，从而呈现出不同的颜色。又由于年龄和长势的不同，加上地势和所受寒气的不一样，造成了枫叶在色彩变化上的先后不一和深浅各异，从而呈现出绚丽多彩的红霞景观。据《清嘉录》记载：在范仲淹祖坟（俗称“三太师坟”）前，有大枫树九枝，“非花斗妆，不争春色，远近枫林，无出其右者”，俗呼“九枝红”。而且在叶色变化过程中，枫叶常由青转黄，然后由黄变橙、变红、变紫，所以人称“五彩枫”或“五色枫”。有的还呈现出嫩黄、橙红、浅绛、深红等色，宛如春花争艳；有的即使是同一片叶，因在色素变化过程中存在差异，也往往一部分变红了，而另一部分还是青色、黄色或橙色。枫叶色彩变化之丰富，犹如彩蝶群舞，晚霞缭绕。

天平红枫

目前，天平山风景管理处针对古老枫香衰老的内外因素，采取了一系列有力的措施，如对古枫香进行编号，划分保护区域，建立档案；进一步改善古枫林的立地条件，调整古枫激素水平，以改善树体内的营养分配；通过个人或单位对古枫的认养，加强宣传保护力度，古老的枫香又焕发了青春。

其实天平山的枫林中还混生着部分古银杏、古松柏和古麻栎。在现存的192株古老树木中，有麻栎4株，榉树5株，入秋，叶色呈黄褐或橙褐，丰富了枫林的景色。尤其是松柏，俗语云“种枫必种松”，松柏叶色终年苍翠，它正好与鲜红的枫叶相映衬。晚清李宣龚在《同谷之毅夫寿丞登天平山看红叶》中云:“万松千百枫，独醒杂众醉。”秋天的枫林在东麓成片松林的映衬下，更显得金辉流灿，红霞漫卷。

若登上天平山，站在望枫台（俗称“中白云”）上，俯视远眺，那成片的枫林正是在苍松的映衬下,“冒霜叶赤，颜色鲜明，夕阳在山，纵目一望，仿佛珊瑚灼海”。

《清嘉录》中认为:大凡祠墓古迹之地多桧柏。天平山现存百年以上的古柏18株,仅次于古枫香。三太师庙前有株古柏,树龄已达900多岁,虽历经沧桑,却越显得鹤骨龙姿，古趣盎然，能与网师园宋柏相媲美。正是这些古柏苍松伴随着古枫，演绎着天平山的历史与文化。

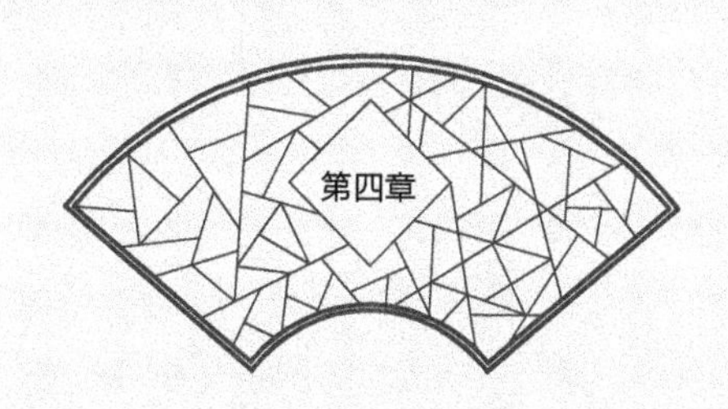

园林动物

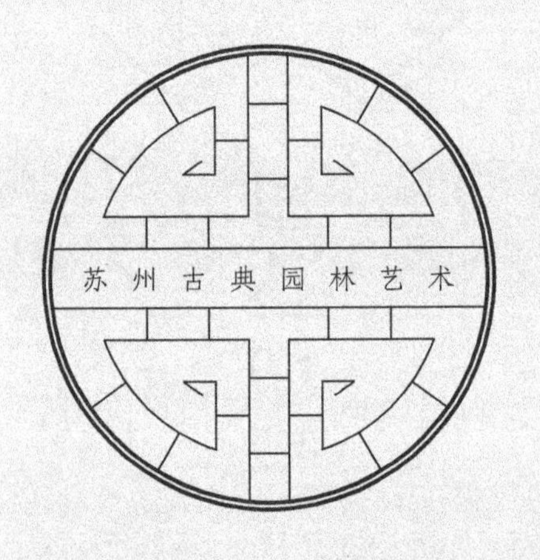
苏州古典园林艺术

第一节　园林动物历史渊源

中国古典园林提倡融于自然，除了在园内配置各种花木外，也重视饲养动物。以下介绍园林动物的历史渊源。

一、远古时期——以动物为主题

中国园林动物起源于早期先民的狩猎活动。早在旧石器时代，人们便与鸟兽为伍，茹其毛，饮其血。

新石器时代，先民们开始原始农业，在耕种、饲养和采集的同时，狩猎仍然是经常性的社会活动。在长期的狩猎活动中，人们逐渐摸清了某种动物或动物种群的活动特点和范围，因而盲目的狩猎活动变成了有范围、有秩序的活动。后来，人们把狩猎捕获的动物中那些幼小的、没有及时宰杀的雏兽，放入一定范围的山林中圈育起来，为防止它们逃跑，还在四周设置堑壕、樊篱、林丛等障碍物，于是便产生了中国古代最早的园林——囿。囿的产生，可谓中国园林的萌芽，而园林动物则是这一时期中国园林的主题。早期园林动物的主要用途是狩猎、通神、食用、观赏和游乐。

二、秦汉时期——皇家园林动物兴旺

秦汉时期建立了高度统一的中央政权。秦汉皇家代表性园林——上林苑，是专供皇帝观赏游猎的御苑。苑中蓄养着海内外贡献的奇禽异兽。《西京杂记》中记载，汉武帝时曾有匈奴人献来一只猛兽，状如黄狗，据说距离长安四十里处的城里的鸡犬吓得都不敢叫，这只猛兽到了上林苑，便骑上了老虎头，老虎吓得一动不敢动。除了匈奴上贡的猛兽外，甚至原产非洲和西亚的狮子、鸵鸟，印度的犀牛，伊朗的千里马等珍稀动物也都作为贡品进入皇家园林。再比如，汉成帝时，上林苑的射熊馆、鱼鸟观、走马观、白鹿观等众多的动物观赏区，反映了秦汉时期皇家园林动物繁荣兴旺的景象。

三、魏晋南北朝时期——寺观园林天然野趣

魏晋南北朝时期，寺观园林异军突起。佛、道二教皆崇尚自然无为、返璞归真的哲理，追求无为而治、众生平等的理想，因而，飞禽走兽自由徜徉于寺观园林之中，比先前的皇家园林显得更有天然野趣。这一时期，中国园林动物的种类更加丰富多彩，对隋唐两宋时期园林动物的鼎盛也起到了巨大的推动作用。

四、隋唐时期——专供狩猎，寄托情趣

隋炀帝建洛阳西苑，命天下州郡贡献珍禽异兽，于是就有了西苑草木鸟兽繁息的景象。唐代长安的禁苑中还专门设置了垂钓鱼鳖、放养鹰鸭、驯育骡马和虎豹的场所，以供贵族们狩猎时使用。王维也在他的辋川别业中养鹿放鹤，以寄托他“一生几许伤心事，不向空门何处销”的解脱情趣。

五、两宋时期——园林动物达到鼎盛

宋徽宗在建造艮岳的时候，派太监宫人四处搜求花木鸟兽，谓之“花石纲”。当时，艮岳内放养的珍禽奇兽数以万计。据说，园内的鸟兽都要经过特殊驯化，在宋徽宗驾到时还能乖巧地排列在仪仗队里。当金兵围困汴梁时，宋钦宗曾命令将 10 余万只山禽水鸟投入汴河，又宰杀上千头鹿用来犒劳将士。这些都足以表明，艮岳是我国古代当时园林中拥有动物最多的苑囿，在园林动物史上也是空前绝后的。

六、明清时期——重要造园要素

明清时期是中国古典园林成熟和建设的高峰时期，在皇家园林中，动物依然是重要的造园要素。比如，明代的西苑就有天鹅房等水禽馆，专门用来饲养水禽。在清代的皇家园林中，如圆明园、避暑山庄，也利用大规模的山水条件，放养大量的飞禽走兽。尤其是承德避暑山庄，园内植物繁茂，水源充沛，为各

种野生和驯养动物的生存繁育提供了良好的生活环境，它们与大自然融合在一起，产生了富有生机的动态的画面。

七、私家园林兴盛时期——动物写意化

而私家园林中，文人士大夫并不提倡在园林中蓄养大型凶禽猛兽。他们大多为动物设置鸟笼、兽馆等。在一些具有较大规模的私家园林中，园主也放养一些小动物，如禽类、小型走兽类，以效仿放养野生动物的意趣。比如，苏州拙政园的卅六鸳鸯馆，它前面的池塘中就放养着鸳鸯。

在造园的实践中，为了预防禽兽对人的危害，又避免禽兽缺乏所造成的失落，有些园林在表现形式上，并不真正蓄养禽兽，而是用花木、怪石来创作各种动物的姿态，以达到令人触物生情、激发联想的作用。无锡寄畅园的九狮台、扬州的九狮山、苏州狮子林的九狮峰，以及粉墙、漏窗和洞门等处栩栩如生的鸟兽形象，通过艺术的感受力和想象力，以形求意。随着中国园林的写意化，这一时期园林动物也被写意化了。

动物作为自然生态环境中最富有生命力的一部分，在中国几千年的园林发展史中扮演着重要角色，点缀着园林的景观，为园林景观空间营造了勃勃生机，也满足了人们亲近自然、与自然共处的心理需求。

第二节　园林动物的种类与选择

中国古代园林中放养动物的种类很多，清代康熙年间的陈扶摇在其所著的《秘传花镜》中对园林动物的应用进行了归纳。他将园林动物归纳为禽鸟、兽畜、鳞介、昆虫四大类，也就是我们通常所说的鸟、兽、鱼、虫。以下按照这样的分类，简单介绍一下园林中的这些动物，以及它们在园林中的运用。

一、鸟

园林中鸟类繁多，扬州“八怪”之一的郑板桥很喜爱林树丛中小鸟的叫声，他认为“欲养鸟莫如多种树，使绕屋数百株，扶疏茂密，为鸟国鸟家”。郑板桥甚至认为，在鸟鸣声中可听见《云门》《咸池》等古曲的韵律。为了欣赏韵律婉转的鸟鸣声，颐和园建有听鹂馆，北京恭王府原来也有个听莺坪。而苏州拙政园中部的池中三岛上也有鸟声、蝉声，更增添了山林的野趣。

这里重点介绍的鸟，并非上面所提到的听其音的鸟，而是鹤。这里所说的鹤，就是民间所说的仙鹤。它具有形象优雅、高翔远飞和吉祥长寿的特征，与古人想象中的高飞凌云、祥瑞长寿的神仙形象十分吻合，所以被人称为“仙家之禽”。在我国，自古以来人们普遍喜爱它、关注它，早在《诗经》里就有“鹤鸣九皋，声闻于天”的记载。殷商的墓葬中，就有鹤的雕塑；春秋战国时的青铜器上，也有鹤体造型；“卫懿公好鹤亡国”更是人们熟知的历史故事。晋代吴人陆机遇害时，曾经叹息道：“想听一听故乡的鹤鸣，还能听得到吗？”陆机故居在华亭，也就是今天的上海松江，“华亭鹤唳”因而成了寓意留恋过去生活的一个典故。民间则普遍将鹤视为吉祥清高之物。唐代白居易诗云“静将鹤为伴，闲与云相似”，宋代林逋甚至自称“梅妻鹤子”，道家更把它看作仙禽，许多小说写到仙人或有道行的道士时，必定有仙鹤做伴。以至后来，人们习惯把仙人或得道之士称为“鹤驭”，称颂人长寿为“鹤寿”“鹤龄”“鹤算”，甚至人过世也叫“驾鹤西行”。

园林中饲养鹤的传统，自古以来就有。明代文震亨在他的园林专著《长物志》中，把鹤列在禽鱼卷的卷首："鹤，华亭鹤窠村所出，其体高俊，绿足龟文，最为可爱……空林野墅，白石青松，惟此君最宜。"文氏对鹤与园林的描述是经典的，对园中养鹤也明显起了推波助澜的作用。其实，更早以前，苏州就有园林中养鹤的记载。北宋著名学者吴人朱长文，他的居所"乐圃"园中就养有仙鹤。至明代万历年间，宰相申时行即在原乐圃故址，重建了名叫"适适园"的园宅，申时行在适适园中也养了两只鹤。有意思的是，申时行养的鹤，一有客来，就出门迎客；客人行酒，鹤还会跳舞鸣叫助兴。

文震亨自家有个园林，叫作"香草垞"，园中是否养鹤，我们今天已经不得而知，但他哥哥文震孟的"药圃"（也就是今天的艺圃），园中是养鹤的。清代，艺圃归姜埰所有后，其又建了鹤柴，这鹤柴便是养鹤之处。今天艺圃芹庐内有一座小轩就叫作"鹤柴"，沿用了当时的名字。拙政园初建于明代，它的东部原来是明末刑部尚书王心一所建的归田园居。康熙年间，王心一的曾孙王遴如请当时的名画家柳遇作了一幅《兰雪堂图》，这是一幅被人称为"精工之极"的写实图，至今仍然存世。图中主景兰雪堂的南平台上就画着一只鹤，正在"闲庭信步"。留园也养鹤，有一个叫作"鹤所"的地方，就在今五峰仙馆的（楠木厅）东南，现在仍能看到。

留园鹤所

苏州园林中豢养仙鹤，可见并不是传说，而是真有其事，甚至清代宫廷画师徐扬献给乾隆皇帝的《盛世滋生图》（也叫作《姑苏繁华图》），其中也绘有人工养鹤的图景。

苏州怡园，初建于清末同治、光绪年间。在建园过程中，主人集各园景观之长，搜罗名树古石、碑刻，还在园内放养了孔雀、鹤、梅花鹿等动物。其中，养鹤的历史一直延伸到20世纪30年代。怡园顾家第四代主人顾公硕先生擅长摄影，他为苏州留下了不少城乡社会景象的摄影作品，其中一幅作品，拍摄的就是家中豢养的仙鹤，题为《怡园老鹤》。说起顾家的这只老鹤，还有一段令人感慨难忘的历史。1937年苏州沦陷时，日本兵先把过云楼书画抢劫一空，有几个日本兵见了园中的鹤，便把它捉去当场烧熟吃了。这事很快传出去，引起了公愤。之前1933年，顾家曾请当时的名人杨无恙为老鹤画过一幅《鹤寿图》，当听说日本兵杀吃仙鹤后，杨无恙同诗人屈伯刚又在《鹤寿图》上补题了一段文字，愤懑痛惜之情溢于言表，《鹤寿图》也因此改名为《烈鹤图》。此图至今尚在，同时，它也成为日本帝国主义侵略中国、无耻烧杀抢掠、灭绝人性的一个罪证，显得弥足珍贵。苏州另外有一座园林，叫作“鹤园”，这座园林在古城主干道人民路中段西侧今天的韩家巷内。它建于清代晚期，1980年全面修复。首任主人是洪尔振。光绪三十二年（1906），洪罢官后来到苏州，第二年就在韩家巷宅西的一块空地上营建了“鹤园”。虽然取名“鹤园”，并不是说园中有鹤，只是因为在造园时，与韩家巷一巷之隔的曲园的主人俞樾送了他一幅题字“携鹤草堂”。1923年，当时的鹤园园主庞国钧，为了使鹤园名副其实，除了在园内用白色瓷片作鹤形的铺地外，甚至也曾经饲养过一只仙鹤。

苏州怡园

苏州园林养鹤，一方面，因为苏州是水乡，是鹤喜欢栖息的地方，水中有很多鹤爱吃的鱼虾，容易饲养；另一方面，还因为鹤的形象，特别是它的“遗世独立”的寓意，很契合古时士大夫阶层所标榜的文化。此外，鹤是蛇的天敌，养鹤可以防蛇害。现在，鹤已属国家重点保护动物，园林中不宜再养。但它与苏州园林曾经有过的因缘，牵涉许多人文历史、民间风俗，作为一个文化课题，还是很值得研究的。

二、兽

早期的园林中，尤其是北方的皇家园林中，饲养兽的情况较多。而江南私家园林中，文人士大夫并不提倡在园林中养大型猛兽。即使在一些较大规模的私家园林中，也只放养一些小动物，以效仿放养野生动物的意趣。更多地则用花木、怪石来创作各种动物的姿态，以形求意，令人触物生情，激发联想。

以下介绍苏州园林里为数不多的饲养猛兽的例子，以及一些用石材塑造的兽的意境。

1982 年，国画大师张大千特意从台北寄回大陆一纸墓铭，上面写着：“先仲兄所豢虎儿之墓。”1986 年，苏州市园林管理局按此书镌刻了墓碑，立于网师园殿春簃院内，现在仍可看到。

网师园“先仲兄所豢虎儿之墓”碑

张大千是人们熟知的当代大画家，其实他的二哥张善孖也是著名画家，尤以画虎最为有名，被称为“画虎大师”，他也自号“虎痴”。兄弟俩借住在网师园期间，就养了一只小虎崽，取名“虎儿”。据说，张善孖几乎与虎儿形影不离，夜间也让它守在自己榻下，甚至还带着虎儿参加画展。通过对虎儿的细致观察，张善孖将它卧、伏、跃、啸、舔、怒、嬉各种姿势，都一一画了下来。由于长期养虎，研习虎性，张善孖深得其妙，画出了众多以虎为题材的传世之作。后来由于种种无奈，张氏兄弟不得已将虎儿送往灵岩山。但不到几天，虎儿便死了。张善孖痛惜不已，将其葬在园中的假山下。

虽然这个故事以悲剧收场，但是也成为张氏兄弟与虎之间的一段佳话。

在苏州园林中，饲养猛兽的例子并不多，大多还是以石材塑造动物形象。园林中对石材的利用，除了堆叠假山外，还有一种是置石。置石，就是以各种石材，如湖石、灵璧石、黄石等，布置成景观的造景手法，由单块石料或若干块石料组合而成。其中，利用石材的天然形状，将其处理成动物造型的，叫作“动物置石”。

清代乾隆、嘉庆年间，吴县东山人刘恕成为涵碧山庄，也就是后来的留园的主人，爱石如痴的他苦心搜罗到十二峰太湖置石，并请人绘制、装帧成《寒碧庄十二峰图》。其中，有两尊就是动物置石：猕猴峰、鸡冠峰。猕猴峰位于五峰仙馆北面的小院内，高近 2 米，峰首圆小，中部扁宽，神似山中老猴；鸡冠峰在揖峰轩西面的小院中，酷似昂首啼叫的雄鸡。

退思园东部水池畔的老人峰顶，有一块硕大的灵璧石，形、神都特别像昂首的龟，人们称它为“龟石”。关于这个龟石，还有一个传说：退思园初建于清代光绪年间，园还未建成，就发生了一件蹊跷事。根据设计者的布局，需要挖一个水池，刚开始动工的时候，在水池边发现一个很大的洞，洞里还隐隐传出“呼哧”的喘息声，大家都很惊慌。谁料，从洞里爬出一只巨龟，洞中还有一些珍宝。之后，因为忙于建园，此事便渐渐被淡忘了。园建成后，任兰生在园中闲游时，发现巨龟竟死在园中。后来，他从安徽灵璧县觅来一块形似巨龟的灵璧石，置于水池边，并取名“金龟望月”，这块罕见的动物置石也成了退思园的“三宝”之首。

在狮子林立雪堂北面的院子里，也有一组动物置石，均为湖石，冠名为“狮子静观牛吃蟹”。这是一处非常有意思的小品。院子的西北角是一只尾巴上翘的狮子，微微侧头，望向东南方。不远处是两块湖石，一块形似巨大的大闸蟹，一旁的形似一只俯首的牛，似乎想尝尝大闸蟹的美味，却又无从下嘴，左右为难。一反常态翘着尾巴的狮子，疑虑重重，望着老牛，好像在想，一向吃草的老牛，难道要开荤不成？

狮子林“狮子静观牛吃蟹”置石

留园在石林小院里亦有两块动物置石，构景被称为“鹰犬斗”。高处是一块状如巨鹰的湖石，直向下俯冲，气势非常凶悍。下方是一只昂首的犬，龇牙咧嘴，气势汹汹。苍鹰和吠犬都形神兼备，十分生动。

网师园里也有一峰鹰石，在殿春簃院子的冷泉亭内，是安徽的灵璧石，体量很大，犹如一只振翅欲飞的黑鹰。据说，那还是唐寅的遗物呢。

三、鱼

中国人喜欢花鸟虫鱼，即使地方狭小，也会在庭院的一角开辟一个小池。白居易在庐山北坡的遗爱寺旁建了个草堂，在堂前开辟了一个小池，养鱼种荷，“红鲤二三寸，白莲八九枝”。中国人历来把鲤鱼看作吉祥之物，不仅因有“鲤鱼跳龙门”的神奇故事，还有临水观鱼之乐。园林有池鱼，也就像是一片小小江湖，“以六亩地为池，池中有九洲，则周绕无穷，自谓江湖也”。

北宋以后，金鲫锦鲤进入园林，并逐渐成为园林审美的重要活动之一。在我国古典园林中所有以小动物为主题的景致中，鱼的地位最高。无论是南方的文人园林，还是北方的宫苑花园；无论是寺庙还是公共风景园，总不乏临池观鱼处。杭州西湖有花港观鱼，上海豫园有雨乐榭，苏州沧浪亭有观鱼处，无锡寄畅园有知鱼槛，北京颐和园有知鱼桥……临池观鱼，不论是群鱼嬉戏，翻腾翔跃，还是锦鳞数尾，都上承古意，悠然自得。

以下介绍苏州两个与鱼有关的亭子。

艺圃的乳鱼亭，是苏州园林中唯一一座明代遗留下来的亭子。亭为方形攒尖顶，高 3.05 米，边长 3.32 米。西向临水的一面，中间没有立柱，其余三面均有两根立柱。它的木构部分相当奇特，亭中有十二斗拱，在转角斗拱间，又置有四十五度角的月梁，天花板又以四个散斗承托，这种构造在其他亭子中很少见。尤为珍贵的是，在斗拱、月梁、枋和天花板上，都有造型独到的彩画图案，更为别处所罕见。柱间下部砌半墙，上设鹅颈椅。亭子东南水湾上有一座平弧形三跨的明代石梁桥，叫作“乳鱼桥”，也是苏州园林中的孤例。

乳鱼是指很小的鱼，宋代诗人王禹偁有“观乳鱼而罢钓”的诗句，意思是爱惜幼小生灵，观池中乳鱼乐而人亦乐。乳鱼亭的匾额为张辛稼所书。抱柱联有两副。一副“荷溆傍山浴鹤，石桥浮水乳鱼”为韩秋岩撰句，程可达书写；另一副“池中香暗度，亭外风徐来”则为朱延春撰句，钱太初所书。从这两副景联中，不知游人能否品味出乳鱼亭的寓意来？

艺圃乳鱼亭

说到观鱼乐而人亦乐，就不得不说留园的濠濮亭了。濠濮亭是一座单檐歇山顶的四角方亭。

“濠”和“濮”都是古代河流的名字。据说，庄子曾在濮河水上垂钓，也曾与惠子在濠梁上观鱼，并留下了那句经典的对话——“子非鱼安知鱼之乐，子非我安知我不知鱼之乐”。这反映了古人对自由自在生活的追求和返璞归真的愿望。园主以这一典故作为亭名，也表现了他高远超群的情志。

留园濠濮亭

亭中匾上有这样的题字："林幽泉胜，禽鱼自亲，如在濠上，如临濮滨。昔人谓会心处便自有濠濮间之想是也。"《世说新语》中记载："晋简文帝入华林园，顾谓左右曰：'会心处不必在远，翳然林木，便有濠濮间想也，觉鸟兽禽鱼，自来亲人。'"这便是"濠濮间想"的出处。后来便以"濠濮间想"来形容逍遥闲居、清淡无为的思绪。

这里三面临水，水中常有游鱼戏水，身在亭中，既可效庄子、惠子观鱼，又可与晋简文帝游华林园一样作濠濮间想，可谓一举两得。

四、虫

这里讲到的虫，多指昆虫。园林中的昆虫一般不是人工特意养的，而是由花木营造的田园环境中自然成长出来的。大部分昆虫对园林的绿化、植被存在一定的破坏性，但也有一些昆虫为人们所喜爱，如蝉、蝶等。以下简单介绍下这两种昆虫。

首先来看蝉。“蝉噪林逾静，鸟鸣山更幽。”夏日的林子里寂静无声，午后的阳光透过树梢投下一束束斑驳的影子，只有单一的声声蝉鸣，更加衬托出林间的静谧。园主向往和追求的不就是这样一种不是山林胜似山林的意境吗?

再来看蝴蝶。蝴蝶是最美丽的昆虫之一。就其自然特点来说，它彩翼斑斓、飞翔轻盈，又与春光、鲜花同在，被人们誉为“会飞的花朵”“虫国的佳丽”，是一种高雅文化的象征，可令人体会到回归大自然的赏心悦目。

蝴蝶以其身美、形美、色美、情美被人们欣赏，历代咏诵。蝴蝶是幸福与爱情的象征，它能给人以美的期盼。中国传统文学常把双飞的蝴蝶作为自由恋爱的象征，表达出人们对自由爱情的向往与追求。蝴蝶忠于情侣，一生只有一个伴侣，是昆虫界“忠贞”的代表之一；蝴蝶被人们视为吉祥美好的象征，如恋花的蝴蝶常被用于寓意甜蜜的爱情和美满的婚姻，表现出人类对至善至美的追求；蝴蝶的“蝶”与耄耋的“耋”同音，故蝴蝶又被作为长寿的借指。

园林中除了有鲜活的蝴蝶在花丛中飞舞外，我们还能在园林的铺地、建筑内的字画与陈设中看到蝴蝶的身影，它既可以让人们体会自然的意境，又能表达人们对美好生活的向往。

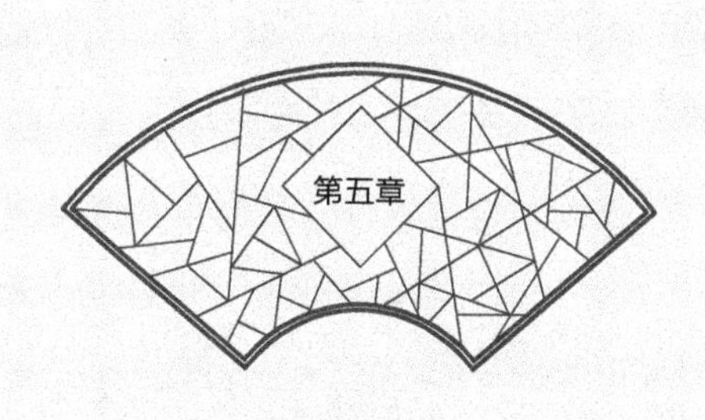

园居生活

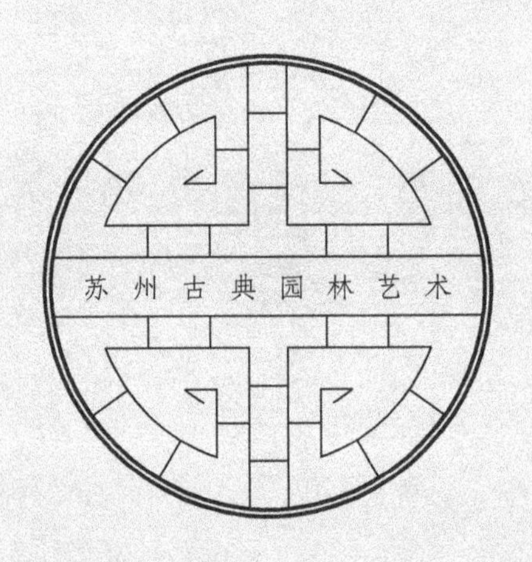
苏 州 古 典 园 林 艺 术

第一节　园林题赏

园林是一个艺术综合体。研究园林文化，不但要了解其叠山理水、建筑布局、花木配置，更要了解其深厚的人文内涵，品味园居生活，感受其中的文化意蕴。以下通过对园林中意味隽永的题赏，来品味园林里这些看得见的和看不见的文化。

一、园林题名

最早的园林题名大约脱胎于传说中黄帝的玄（悬）圃、周文王的灵囿这类帝王的称谓。尽管汉唐及以前的宫苑和建筑都有名字或主题，但大多是借地名或实物来命名，如春秋时吴王的华林园（在华林里）、秦始皇的阿房宫（在阿房村）、西晋石崇的金谷园（在金谷涧）、唐朝李德裕的平泉山庄、杜甫的浣花草堂等，都是这样。

而一般的民间园林则多以姓名、姓氏来命名，如西汉的袁广汉园、东晋苏州的顾辟疆园等。

其实，“立亭榭名，最易蹈袭，既不可近俗，而务为奇涩亦非是”。这是什么意思呢？沿用别人的题名或园林题名往往也有烦恼，因为名字最容易被抄袭或雷同。自从宋代苏舜钦造了个沧浪亭，其后许多的园主为了仿学前贤，将好多园亭都题名为“沧浪”。因此，北宋的洪迈在《容斋随笔》中说，立亭榭名，过分的奇涩难懂，都不是太好。

对于有文化的人来说，题一个雅一点的园名，固然是极具意境的，但对于大多数老百姓来说，不了解或记不住也不太妥当。比如，清代的盛康买下了原来刘恕的涵碧山庄，他觉得知道刘氏涵碧山庄名字的人很少，但是说起阊门外的“刘园”人人都知道，于是，盛康便效仿当年袁枚得南京隋氏的园子，取名“随园”这一做法，把“刘园”改为“留园”，以留游人登临游息，并使留园的名字能长留于天地之间。

苏州留园

明清的文人园林必定都有题名，如五柳园、桃花坞、玉兰堂等，就像《红楼梦》中所说："偌大景致，若干亭榭，无字标题，也觉寥落无趣，任有花柳山水，也断不能生色。"中国的文人喜欢题留，而园林题名往往又寄托着园主的价值取向和审美趣味。题名不仅可以名志，还可以言情。

上海豫园，是明代四川布政使上海人潘允端为了侍奉他的父亲而建造的，有"豫悦双亲"的意思。在这里，"豫"有"平安""安泰"的意思。

扬州个园，因为主人爱竹，取苏东坡"可使食无肉，不可使居无竹。无肉令人瘦，无竹令人俗"的诗意，在园中遍植竹子。《释名》中解释"竹曰个"，是个象形文字，所以园主取名为"个园"。

扬州的寄啸山庄，又称"何园"，其"寄啸山庄"的园名取自陶渊明"倚南窗以寄傲""登东皋以舒啸"的意境，表达了园主辞官归隐的意愿，以及对当时清廷朝政的不满。

这样的情绪也同样表现在苏州拙政园和网师园的题名上。明正德初年（1506），因官场失意而还乡的御史王献臣，以大弘寺旧址拓建为园，取晋代潘岳《闲居赋》中的"灌园鬻蔬，以供朝夕之膳……此亦拙者之为政也"，名为"拙政园”。

清乾隆年间，退休的光禄寺少卿宋宗元购万卷堂故址并重建，定园名为“网师园”。网师乃渔夫、渔翁之意，又与“渔隐”同意，含有隐居江湖的意思。

网师园万卷堂

园林的题名都有深刻的内涵，可以说园林的题名是了解园林的起点。

二、建筑题名

除了园林本身的题名外，园林建筑的题名、匾额也颇有讲究。这里讲到的匾额实际是两种不同的物件，通常悬挂在厅堂上方的为“匾”，镶嵌在门楣上方的是“额”。匾、额的题写和悬挂对美化园林建筑有着非常重要的意义。它们可以借景抒情，表达主人的情趣，典雅含蓄，立意深邃，往往融诗、辞、赋、文于一体，系诗情画意于一词，成为园林中一种独立的文艺小品。

园林建筑物的题额大概在曹魏时期就有了。据《世说新语·巧艺》中记载，当时的韦诞因为写得一手好楷书，曹魏的好多宫殿都由他来题写，魏明帝造了个宫殿，匾挂上去，却忘了题字，于是便请韦诞登梯题匾。

现存最早的两块匾额都出自唐代。一块是山西五台山佛光寺东大殿的“佛光真容禅寺”，另一块是天津蓟县独乐寺观音殿上李白题写的“观音之阁”。

中唐时期，白居易喜欢取《庄子》里的句意来题额，如虚白堂、忘筌亭等，这时的建筑题额已经有了很深的意旨。宋代以后的题额就大多开始撷取历代的诗文名句了。

匾额能使景物获得“象外之境，境外之景，弦外之音”。比如，留园楠木厅悬挂的清代著名金石学家吴大澂篆书的匾额“五峰仙馆”，将人们的注意力投向大厅南面的湖石峰峦上，“庐山东南五老峰，青天削出金芙蓉”，把人们带入了主人所向往的李白笔下庐山五老峰的意境。

留园“五峰仙馆”匾额

匾额除了能为游人制造遐想的空间外，很多时候还能点出景观的美学特点，如拙政园的倒影楼、狮子林的双香仙馆、沧浪亭的闻妙香室等。

狮子林“双香仙馆”匾额

沧浪亭“闻妙香室”匾额

下面以拙政园的倒影楼为例来介绍。它是一座两层小楼，紧邻水池而建，在水面上可以清楚地看到它的倒影，这里是观赏拙政园西部水景的好去处。

拙政园倒影楼

一楼正中间屏门上面雕刻有“扬州八怪”之一郑板桥画的《无根竹图》，旁边配有诗文。画中竹枝挺拔修长，苍翠欲滴。古人把竹比作君子，它直立挺拔、虚心有节，有宁折不弯的气度和傲立霜雪的品格，正如苏州文人的气节，也是他们独特的人格魅力，而园主正是以竹子来自喻，彰显文人的清高自傲。

这里也叫作“拜文揖沈之斋”，“文”指的就是明代江南“四大才子”之一的文徵明。“沈”指的就是文徵明绘画方面的老师沈周。“拜文揖沈”指的就是对他们俩鞠躬作揖，用今天时髦的话来说，这里就是“文徵明先生和沈周先生纪念馆”，表达了园主对两位大师的崇敬之情。沈周是吴门画派的创始人，他博采众长，并自成一格。文徵明更是多才多艺，书画俱精，被称为“古今第一流人物”，对明清书画艺坛影响巨大。拙政园里不仅有多处文徵明的墨宝，据说他还亲自参与了全园的设计，并依照明代园主王献臣时期的园景画了 31 幅图，各配以诗词，作《王氏拙政园记》，窗外长廊的墙壁上就有相关的书条石。也许正是这两位绘画大师对园主产生了深远影响，拙政园的构园充满了诗情画意。

拙政园拜文揖沈之斋

倒影楼，其美在于倒影。除了在楼外可以清晰地看到水中小楼的倒影外，更妙的是，从楼内推开窗去，眼前水平如镜，倒映出起伏的长廊，实景与虚影共同演绎出苏州“三大名廊”之一水廊的独特风韵。上有澄静的天空，下有清澈的池水，再加上拙政园西部偏安一隅的宁静，试想当年信奉“达则兼济天下，穷则独善其身”的园林主人，在这里推窗自省，内心肯定也是一片安宁。

三、楹联

自从五代后蜀主孟昶在公元964年除夕夜，在桃符板上题写了“新年纳余庆，嘉节号长春”的春联后，楹联被广泛应用于人们的日常生活中，以体现一种情趣、一种小中见大的宇宙观。

自宋代之后，楹联逐渐出现于园林景观中。文人的参与，把建筑环境的创造推向了高潮，并形成了具有中国民族特色的建筑与装饰。

楹联与匾额往往是搭配在一起的，要么竖立在门旁，要么悬挂在厅堂亭榭的楹柱上。楹联的字数不限，但讲究词性、对仗、音韵、平仄、意境、情趣，是诗词的演变。

楹联与园林有两个不同层次的关系。第一个层次在于形式上。缺少楹联的园林，总让人感觉生涩空洞，因此，楹联在形式上的作用在于它的装饰性。

楹联本身有一种对称之美，从语言、声调、内容及形式上都要求对称。这是艺术美的规律之一，同时也应和了中国人的传统审美观和价值取向。尽管楹联在形式和内容上各有不同，但它的首要作用是装饰。

楹联与园林第二个层次上的关系在于内涵。楹联常常扮演建筑意义的演绎者，以及造园者或园主的思想感情代言人的角色。诗词是人类思想情感的表达，而园林中的楹联则是通过对诗词进行一番反思、提炼和重整之后所得的。因此，它不仅能够抒发胸臆，展示园林独特的个性，还可以表达出一处景点的意境、内涵，与风景、古迹交相辉映，达到珠联璧合的效果。

可以说，园林中的楹联是调动观赏者艺术想象以深化园林意境的一种有效手段，并把园林中的山水花木所生成的意境凝聚在了亭台楼榭之中，如拙政园梧竹幽居对联：“爽借清风明借月，动观流水静观山。”清风明月是中国文人追求清雅的一种生活环境，而静山流水则象征着敦厚好静的仁者和敏捷活泼的智者的一种性格和气质，通过环境对人的熏陶、自然景观对人的精神陶冶，自然会培养出高尚和高雅的人格。

拙政园梧竹幽居对联

楹联中也有园林主人价值观、人生观的体现，如清代吴云为苏州南半园题的联：“园虽得半，身有余闲，便觉天空地阔；事不求全，心常知足，自然气静神怡。”苏州怡园石舫中有郑板桥所题楹联：“室雅何须大，花香不在多。”（该联也出现在镇江焦山别峰庵郑板桥读书处）这些都表达了一种超然物外的达观及知足不求全的怡然自得。再比如，可园雏月池馆的楹联“大可浮家泛宅，岂肯随波逐流”，俨然一副清高自洁的表情。

怡园石舫联

第二节　园居清赏

园居生活的情趣来自“闲”“雅”二字。什么是闲、雅呢？心无驰猎，身无劳役，顺时安处，这就是“闲”。而“雅”即是高尚、不粗俗,《荀子·荣辱》中说:“君子安雅。”它的注释是这样的:正而有美德者，谓之雅。

对于古人而言，闲可以养性，可以悦心，但闲并不是无所事事，而是要好古敏求，要讲究生活的艺术修养，所以在闲的时候，要潜心研究那些个书画法帖、古玩器物，或者栽花种竹，焚香鼓琴，饮酒作诗，以求清欢。

明代董其昌的挚友陈继儒，朝廷多次让他去做官，他就是不去，自个儿逍遥地过着悠闲的散淡生活。他在《小窗幽记》一文中把一些物品当成了其精神生活中的重要组成部分:“怪石为实友，名琴为和友，好书为益友，奇画为观友，法帖为范友，良砚为砺友，宝镜为明友，净几为方友，古磁为虚友，旧炉为熏友，纸张为素友，拂麈为静友。”尽管孔子说“君子不器”，即君子不能像器物一样被任意使唤，然而良砚、旧炉等为君子之友，却可以用来对照自身的长短，反映出人的格调。

以下介绍几种在中国园林中经常被文人士大夫们所推崇的器物。

一、石

中国自古以来就有赏石的风气，认为石是“天地至精之气”。说起这石头，它与人类有着与生俱来的缘分。当人类的先祖第一次把石头当作工具来使用的时候，便脱离了动物界，人类漫长的历史也就从这石器时代开始了。从远古流传的女娲炼石补天，到宋代米芾的拜石，再到清代曹雪芹《红楼梦》(又名《石头记》)中的那块被遗弃在青埂峰下的顽石；从先民们对石头的神化与崇拜，到唐宋以后人们对石头的品玩而借石以抒性灵，再到当下赏石之风的盛行，中国人把自然界鬼斧神工的灵石看作大自然的精灵，也是展示其个性和精神世界的对象。

在唐代，赏石之风逐渐盛行，在道家学者元结的眼中，“巉巉小山石，数峰对窊亭。窊石堪为樽，状类不可名。巡回数尺间，如见小蓬瀛”（《窊尊诗》）。一块小小的山石就是一座小小的蓬瀛仙境。而宰相牛僧孺在老家洛阳的归仁里建了座宅第园林，当时苏州刺史李道枢给他寄了一块“奇状绝伦”的太湖石，他异常欣喜，还特意邀请了白居易、刘禹锡等名流一同来欣赏。牛僧孺对这块太湖石更是“待之如宾友，视之如贤哲，重之如宝玉，爱之如儿孙”。白居易到了晚年还专门为牛僧孺写了篇《太湖石记》的名文，这对后世的士大夫产生了极为深远的影响。

太湖石，又叫“窟窿石”“假山石”，因盛产于太湖地区而得名。它是由石灰岩遭到长时间侵蚀后慢慢形成的，分有水石和干石两种。它形状各异，姿态万千，其色泽以白石为多，也有极少数的青黑石、黄石，黄色的更为稀少，故特别适宜布置园林，有很高的观赏价值。太湖石还被誉为中国古代四大玩石、奇石之一，现代人把太湖石、昆石、灵璧石、英石视为中国古代的四大名石。

对于太湖石的玩赏，全体现在瘦、透、漏、皱四字上。清代李渔在《闲情偶寄》中解释道：“此通于彼，彼通于此，若有道路可行，所谓‘透’也；石上有眼，四面玲珑，所谓‘漏’也；壁立当空，孤峙无倚，所谓‘瘦’也。”至于皱，如同中国绘画中的皴，清代的沈宗骞在其《芥舟学画编》中说：“依石之纹理而为之，谓之皴。皴者，皱也，言石之皮多皱也。”所以，“皱”是指山石表面的粗糙不平，以及其凹凸的纹理。苏东坡在题文与可的《梅竹石》一画时曾这样赞颂：“梅寒而秀，竹瘦而寿，石丑而文。”因此，“丑”字同样也是赏石审美的标准之一，“一丑字则石之千态万状，皆从此出”（郑板桥《题画·石》）。在中国传统文化中，石头还是长寿的象征，俗称“寿石”，所以在苏州园林的厅堂中常把它作为陈设的物品。

以下通过赏析苏州园林中一处著名的太湖石景观——留园冠云峰，来了解太湖石的文化。

冠云峰，取《水经注》“燕王仙台有三峰，甚为崇峻，腾云冠峰，高霞翼岭”

的意思来命名。古人称石为“云根”，尤其太湖石，形状、色质近似云彩，所以自古以来多以云来命名湖石名峰。留园中为了烘托冠云峰主景，在其两旁还立有两块湖石作为陪衬，分别命名为“瑞云峰”和“岫云峰”。这也就是俗称的“留园三峰”。留园三峰中尤以冠云峰高大奇伟，壁立当空，嵌高瘦挺，孤高磊落，具备了古人对太湖石的审美标准，即“瘦、透、漏、皱”，还要再加“清、丑、顽、拙”。

石，由于质地坚硬和外形不易发生变化的特质而被赋予了忠贞不渝的人格特征，自古以来为人们所崇拜。太湖石产于太湖，由于湖水荡涤，石质坚贞而色泽清白。这种坚贞和清白让在官场宦海中沉浮的士大夫文人从它的身上找到了精神寄托。尤其是太湖石阳刚的石质与阴柔的外形和谐地融于一体，正是中国传统文人所追求的“外圆内方”处世之道的生动典范。因此，自古从孔夫子“仁者乐山”开始，文人们爱石、友石、赏石，通过与石的情感交流来表现自己坚贞和高洁的品德。

说到这里，我们对于“拜石称兄，以石为友”的“石痴”文人米芾，他的那种对石的特殊情感，恐怕也就不难理解了。另外，太湖石那天成的多姿曲线也给人们留下了一片富于想象的审美空间。因此，欣赏太湖石，犹如品茶读书一般，让人在玩味的同时，意境凸显，美不胜收。也正因为太湖石如此具有审美价值，它常作为营造文人山水园的叠山素材之一，被广泛布置于古典园林之中。苏州之所以多古典园林，据说，其中一个主要原因就是这里盛产太湖石。唐代大诗人白居易在《太湖石记》中就说“石有聚族，太湖为甲”，清楚地点明了太湖石的多产与优质。

留园的冠云峰石，传说是北宋末年朱勔为宋徽宗采办花石纲时遗留在江南的一块名石。后来几经周折，到清代被颇有“石痴”遗风的留园园主盛康购得。他为了欣赏此峰，还特意在石峰周围造了一组亭台楼榭，并以“冠云”来命名，可谓匠心独运。

留园冠云峰

古玩收藏是中国两宋以来士大夫阶层中十分流行的一种时尚，也是他们生活中不可或缺的一门艺术和学问。他们清闲的时候不仅仅是把玩，还对古代器物的形制、纹饰、款式等进行考证辨识，并产生了一大批古玩金石学的经典专著，如《宣和博古图录》《集古录跋》《金石录》《历代钟鼎彝器款识法帖》等。

士大夫们在他们自己的小园中，享受着书画鼎彝给他们带来的美好的、精雅的精神饕餮。

比如，艺圃的主厅博雅堂，据今人考证，大约是清代康熙、乾隆年间园主吴斌将原来姜氏的念祖堂改名而来的。吴斌饱读诗书，博雅好古，著有《博古画图》十二卷、《博雅堂文钞》八卷等。他还曾受苏州织造李煦的委托，采制过行宫的物件，大受康熙皇帝的赞赏。尽管已看不到博雅堂当初的陈设，但还是可以从现在的陈设及园记等文献中窥测到当时园主们的雅好。

艺圃博雅堂陈设

再来看留园的五峰仙馆。首先是题额，它是园主盛康请当时著名的金石名家吴大澂题写的。再是槅段，中央屏门上，正面是“天下第一行书”——王羲之的《兰亭序》全文，背面是唐代孙过庭《书谱》的一部分，而且这两幅也都是当时名家的临摹之作。还有围屏窗心，上面镶嵌着古代的青铜器拓片。除了这些，还有随处可见的书画、博雅陈设，都可以看出主人园居的情趣。园林正是涵载着这些古书、名画、鼎彝等高雅文化的最佳场所。

留园五峰仙馆内景

明代苏州吴江的顾大典，因为在福建做提学副使的时候，不肯接受别人托他办事，而遭到了贬斥，后来干脆主动辞官，回到了故里，造了一座谐赏园。园内建了一个云萝馆（云萝也叫“藤萝”，即紫藤），共有三间房，左边一间是寝室，“贮彝、鼎、樽、罍、琴、剑之属”；右边一间为招待朋友客人的地方，“贮经史、内典、法书、名画之属”；中间一间，“置一瓢、一笠、一杖、一锄、一竿”。试想一下，这位明代的文人就是通过这些物品，在物我交感之下，营造出一种不同于现实生活的意境，其实，这就是精英文化层的文雅生活。

二、盆景

盆景是以植物、山石、土壤等为素材，经过技术加工和艺术处理，以及长期的精心培育，在咫尺盆盎之中，集中而典型地再现大自然的优美景色的艺术作品，达到“缩龙成寸”“缩地千里”“小中见大”的艺术效果，被誉为“无声的诗”“立体的画”。

（一）园林与盆景的渊源

盆景和园林一样，同源于自然，同源于生活，它们的创作规律和艺术手法可以说是完全一样的，在创作原理和艺术方法上常常相互借鉴、相互渗透。明代黄省曾在《吴风录》中说：“至今吴中富豪，竞以湖石筑峙奇峰阴洞，至诸贵占据名岛以凿琢，而嵌空妙绝……虽闾阎下户，亦饰小小盆岛为玩。”这说明经济实力雄厚的富豪为了不出家门而获得山林野趣，就叠山理水、栽花植树、营造园林而居；而经济条件较差的“下户”，只能采取“一卷代山，一勺代水”的盆景艺术手法，来达到“丘壑望中存”的审美满足了。

苏州盆景与苏州园林同出一脉，是吴文化土壤上结出的“一树二果”。盆景艺术作为园林艺术的一个分支学科，它的发展也受到了传统造园艺术的影响，但它毕竟是一门相对独立的艺术形式，有它自身的创作规律和需求。同时它的局限性也大，因为植物、山石等配置于一个有限的盆盎之中，必须经常加以精心养护管理，不断地进行加工，才能日臻完善。

（二）苏派盆景的历史渊源

苏派盆景源于晋唐，兴于宋元，盛于明清，发展于当代。当代的苏派盆景是中国盆景的五大流派之一。

作为中国传统盆景的主要产地之一，苏州盆景发轫极早，晋唐以前已显端倪。晋代，苏州有顾辟彊园、戴颙宅等名园，园内植竹树石，聚石引水，说明莳养植物和赏玩山石已成士人风尚。这为以后苏州盆景的发展奠定了基础。唐代白居易在苏州做刺史时，酷爱太湖石，以石清供，可算苏州山石盆景之滥觞。

陆龟蒙卜居临顿里，也就是现在拙政园所在的地方，他的《移石盆》诗云：“移得龙泓潋滟寒，月轮初下白云端。无人尽日澄心坐，倒影新篁一两竿。”这是苏州盆景最初发展的原始类型之一。宋代，苏州盆景已趋成熟，形成了树木盆景和水石盆景两大类，并出现了盆景题名。黄省曾在《吴风录》中记载：“而朱勔子孙居虎丘之麓，尚以种艺垒山为业，游于王侯之门，俗呼为花园子。”从此，虎丘成了苏州盆景花木的传统培育之地。

范成大晚年隐居石湖，种梅栽菊，著有《梅谱》《菊谱》。他亦爱玩太湖石、英石、灵璧石等，并题有“天柱峰”“小峨眉”“烟江叠嶂”等名，更富诗情画意。

杜绾在《云林石谱》中提到，昆山石巉岩透空，但它的色泽洁白，当地人就在昆石上栽植小木，或者种上菖蒲，以卖个好价钱。这说明盆景已经商品化了。

元代，苏州出现了微型盆景“些子景”和水旱式盆景，“些子景”即盆景或微小型景观，它们都具有小中见大的意境。

明代高濂在《遵生八笺》中说：“盆景之尚，天下有五地最盛：南都（南京——著者注），苏淞二郡，浙之杭州，福之浦城，人多爱之。论值以钱万计，则其好可知。”

王鏊在《姑苏志》中说：“虎丘人善于盆中植奇花异卉、盘松古梅，置之几案，清雅可爱，谓之盆景。”那时还产生了盆景理论，如文震亨的《长物志》、计成的《园冶》、沈复的《浮生六记》等，都对盆景的创作做了一些理论性的阐述。

清代陈淏子在《花镜》中说，苏州出现了一种仿倪云林画意的树石盆景，在蟠扎盆景时，用极细的棕丝绑扎。这说明在明末清初苏州人就采用棕丝对盆景进行蟠扎造型，且具有极强的观赏性。

明人顾起元在《客座赘语》中讲，苏州人制作的盆景价高者，一盆可数千钱。清人李斗在《扬州画舫录》中也说，苏州僧人离幻的花卉盆景，一盆值百金。每次去扬州玩，好盆景载数艘以随。这足以体现盆景的商品化程度极高。

（三）苏州盆景的特征分析

苏州盆景起源较早，类型众多，有树木、山水、树石、微型盆景等形式。文人参与其中，以画理入盆景，讲究诗情画意。在明末，苏州盆景手艺人已开始采用棕丝造型，主要产地在虎丘、山塘一带，并对盆景实践经验进行总结，形成盆景理论。当时社会对盆景的莳养、赏玩逐渐成为一种社会时尚，盆景从而实现市场化、商品化，参与者也随之扩大。在这个市场化的过程中，一般士人渐以鉴赏者的身份参与其中，乃至借此谋利。盆景是历代士人闲雅生活的组成部分，以闲雅文化引领世俗文化。

所谓的盆景流派，是相对树桩盆景而言的。我国传统的树桩盆景主要分布于长江流域的江苏、浙江、四川、安徽、上海等省市和沿海的广东、广西、福建一带，地域不同，在气候、自然、民风、民俗上存在差异。就盆景而言，其植物取材、欣赏爱好、传统习惯、加工技艺等亦不同，从而产生了不同的风格和流派。

1981 年 9 月，由广州、上海、成都、苏州和扬州市园林局编写，原国家城市建设总局的科研成果《中国盆景艺术的研究》中指出，我国的桩景流派众多，主要以广州的岭南派、成都的川派、苏州的苏派、扬州的扬派和上海的海派为代表。从此，我国的盆景五大流派被正式确立。

1989 年 9 月，时国家建设部城建司、中国园林学会、中国花卉盆景协会联合授予周瘦鹃、朱子安等 10 位盆景名家“中国盆景艺术大师”称号，从此确立了苏派盆景在全国的地位，并产生了广泛的国际影响。

苏派盆景继承了历史上苏州盆景文人化的特质，从清末民国民间传统的“六台三托一顶”“劈梅”“垂枝式”“顺风式”等规则式风格中解放出来，“大胆创新……，干形力求自然多变，在用棕丝扎片的基础上年年进行细致的修剪，形成一种‘粗扎细剪’的整形方法”。周瘦鹃先生对盆景艺术提出的标准是：第一，“六分自然，四分加工”；第二，“要求其富有诗情画意”；第三，盆要古雅，配合得当，衬以几座；第四，“陈列时必须前后错综，高低参差”。

朱子安先生则凭着对大自然的观察和了解，注意到各种树木，特别是乔木生长到一定年限，就会自然结“顶”，不再向上生长，而是顶及侧枝均向外伸展，因此，在给盆景做造型时都要培养一个“顶”，在经过扎片、修剪等艺术加工后，既保持了自然美，又形成了独特的艺术美和艺术风格，被公认为是我国苏派盆景的代表性特征。

（四）盆景与传统园林家居生活

孔子说："诗，可以兴，可以观，可以群，可以怨。迩之事父，远之事君。多识于鸟兽草木之名。"因此，唐代李德裕在《平泉山居草木记》中说："因感学《诗》者多识草木之名，为《骚》者必尽荪荃之美……"

明清文人常以盆景装点居室，经济条件好的，不但建园林，还在园林中设置花圃，以莳养花木盆景。经济条件差一点的，则常常自制盆景，如清代的沈复在《浮生六记》中说："及长，爱花成癖，喜剪盆树。识张兰坡，始精剪枝养节之法，继悟接花叠石之法。"

沈复和芸娘所创作的一水岸式盆景，"用宜兴窑长方盆叠起一峰，偏于左而凸于右，背作横方纹，如云林石法，巉岩凹凸，若临江石矶状。虚一角，用河泥种千瓣白萍。石上植茑萝……神游其中，如登蓬岛"。

岁朝清供是在春节，或以花木盆景，或以丹青墨妙点缀。比如，周瘦鹃曾提到，在"一九五五年的岁朝清供，我在大除夕准备起来的。以梅兰竹菊四小盆合为一组，供在爱堂中央的方桌上"。

农历六月，苏州虎丘花农盛以马头篮，沿门叫鬻，谓之"戴花"。百花之和本卖者，辄举其器，号为"盆景"。折枝为瓶洗赏玩者，俗呼"供花"。沈朝初在《忆江南》中云："苏州好，小树种山塘。半寸青松虬干古，一拳文石藓苔苍，盆里画潇湘。"

文震亨在《长物志》中说："吴中菊盛时，好事家必取数百本，五色相间，高下次列，以供赏玩，此以夸富贵容则可。若真能赏花者，必觅异种，用古盆盎植一枝两枝，茎挺而秀，叶密而肥，至花发时，置几榻间，坐卧把玩，乃为得花之性情。"

明末清初书画家、文学家归庄说："今日吴风汰侈已甚，数里之城，园圃相望，膏腴之壤，变为丘壑，绣户雕甍，丛花茂树，恣一时游观之乐，不恤其他。"

王毅先生在《园林与中国文化》中说，直到清末，龚自珍有感于江南的江宁（南京）、苏州、杭州三地对梅花盆景"梅以曲为美，直则无姿；以欹为美，正则无景；以疏为美，密则无态”的时尚追求，认为并不只是个人玩赏的小事，而是已关系整个士大夫阶层的精神状态乃至民族的命运，便自购三百盆，开始了筑馆疗梅，以革“文人画士之祸”。

现代生活正如清代张潮在《幽梦影》中所言：“居城市中，当以画幅为山水，以盆景当苑囿，以书籍当朋友。”对普通老百姓而言，造园太遥远，不妨试试阳台“微花园”或案头“小园艺”，如水培、水生植物，多肉、多浆植物等，以丰富自己的精神生活。

第三节 园林雅集

一、诗酒雅集

在绍兴西南的兰渚山下有座兰亭，东晋永和九年（353）三月初三日，大书法家王羲之和当时的名士谢安、孙绰等42人在此修禊事。所谓的“禊事”，就是“祓禊”，禊是“洁”的意思，“祓禊”就是通过洗濯自己的身体，来除去身上的宿垢，消除致病病原的一种古老仪式。

上巳是三月上旬的第一个巳日，魏晋以来就定为三月初三日，因为这时正逢季节转换，阴气尚未褪尽，阳气蠢蠢欲动，人最易生病，所以要到水边去洗涤一番。后来祓禊又和踏青、春游结合起来，因为多在水边活动，所以又形成了临水宴饮的风俗。

杜甫的《丽人行》“三月三日天气新，长安水边多丽人”，描写的就是唐代长安曲江附近上巳日的盛景。而王羲之等人在曲水边的雅集，给这个上古的节日注入了文人的情调和气息。当时，大家按照古代的祓禊习俗，坐在弯曲回环的小溪曲水边，从上游顺着水流缓缓漂浮的酒杯（大多是质地很轻的漆器），如果漂停到了谁的跟前，谁就得取杯饮酒，这就是“曲水流觞”，饮完酒后，还要赋诗一首（这和现在击鼓传花的游戏差不多）。如此循环，直到大家酒足尽兴为止。当时王羲之等11个人每人各赋四言诗、五言诗各一首，有15个人每人各赋诗一首，另有16人混迹于名士之中宴游，因为一首诗都作不出来，只好各“罚酒三巨觥”，也就是罚酒三大杯的意思。王羲之撰写的《兰亭序》就是为这几十首诗写的序言，“此地有崇山峻岭，茂林修竹，又有清流激湍，映带左右，引以为流觞曲水，列坐其次。虽无丝竹管弦之盛，一觞一咏，亦足以畅叙幽情”。从此，兰亭也成为书法史上的圣地。而这一类曲水流觞的雅集，一直延续到了20世纪40年代。流杯亭、禊赏亭之类的园林景致在中国不下几十处。

在这诗酒联袂演绎的历史中，文人们常把酒视为诗之友，而诗也常能见酒魂，能酒擅诗常常是文人们炫耀才情、标榜风度的高行雅事。东晋的名士王恭说，想成为名士也并不难，名士不一定是奇才，只要没事痛饮酒，熟读《离骚》便可称为名士。明代的陈继儒甚至说，听鸟观鱼，要有酒打点。酒是雅会的纽带，同时也是消解不得意的良药。

二、结社雅集

清代张宜泉的一首小诗“槐树荫深庭昼长，闭门独坐笑焚香。棋虽有子何须着，琴即无弦亦不妨”，表现了中国古代文人园居生活的孤傲与超脱，以及对天人境界的追求。但这只是一个人的独乐乐，在古代圣贤的眼里，独乐乐不如众乐乐，不如与志同道合的人聚在一起诗酒流连，所以便有了结社的习惯。

“社”，古代指土地神和祭祀土地神的地方、日子及祭礼，后来引申为社会的组织。

文人结社，开始的时候只是诗酒高会，以文会友，后来发展为政治运动，乃至社会革命活动。比如，明末的复社，每逢大的集会动辄千人，把虎丘的山塘常常弄得水泄不通。散会后，他们喜欢乘着小船在山塘河上喝酒吟诗。后来成员们要么被魏忠贤余党迫害致死，要么在抗清斗争中殉难，要么进入清廷做官，要么干脆削发为僧。直到顺治九年（1652），复社被清政府取缔。

园林是文人结社雅集的最佳场所。像《红楼梦》中的大观园，“天上人间诸景备”，一年四季有诗社，如桃花社、海棠社、菊花社等。早春的赏梅结社是在芦雪庵里举行的，主题当然是梅花。宝玉采着一枝红梅，“原来这枝梅花只有二尺来高，旁有一横枝纵横而出，约有五六尺长，其间小枝分歧，或如蟠螭，或如僵蚓，或孤削如笔，或密聚如林，花吐胭脂，香欺兰蕙，各各称赏”。这是《红楼梦》第五十回中描写的场景。可见，四季的花木常常是诱发诗兴的因子。

其实，文人在闲暇地最能被引发出雅兴了，或三五知己，或数十成群。比如，苏州的沧浪亭，到了明清时期，已经是一个带有公共性质的园林了。清道光五年（1825），任江苏巡抚的陶澍和苏州前辈文人石韫玉、韩崶、吴云等，以及一些南下的北京宣南诗社成员常常在这里聚会，吟诗唱和。仰止亭边的石刻《沧浪亭五老图》《沧浪亭七友图》就是当时他们消闲遣兴的真实写照。

《沧浪亭五老图》中间是潘奕隽和韩崶在下棋，吴云坐在临水处读书，左边石韫玉拿着鱼竿在钓鱼，右边陶澍像是在吟诗。《沧浪亭七友图》的左幅是朱士彦坐在竹林前，膝上横着一把琴，梁章钜似乎在侧身听琴；中间幅顾莼拿着棋子，正和朱珔下棋，后面吴廷琛正在观棋；右幅的松树下，卓秉恬坐在松下读书，陶澍靠在松树旁，捻着胡须像是在思考着什么。这里的陶澍、顾莼、朱珔等原本都是嘉庆七年（1802）的同榜进士，嘉庆九年他们在北京宣武门南组织诗社，称为“宣南诗社”。林则徐在京期间也曾参加宣南诗社，梁章钜、卓秉恬则是后期的成员。

沧浪亭《沧浪亭五老图》

三、怡园雅集

苏州晚清的一代名园——怡园，当时的园主顾文彬是出了名的词坛名家。光绪五年（1879），他与李鸿裔、吴云等人在园中雅集，他们徜徉在这园林美景中题诗作赋，好不惬意！

顾文彬曾经依照“忆江南”的调，写了《怡园好》1200 多首词，最后删成 600 首，刊成专集，其中有这样的句子：“怡园好，松下款书斋。海客看花留画去，山翁馈笋带泥来，踏破半弓苔。”其中描述的就是和友人们雅集的场景。到了光绪中叶，顾文彬的孙子顾麟士在怡园创立画社，吴大澂、顾沄、吴昌硕等当时的名流在这里聚会，挥毫作画，一月数集，怡园窗槅上的书画都出自他们之手。

怡园还有个坡仙琴馆，因曾收藏过一把宋元祐四年（1089）苏东坡监制的“玉涧流泉”古琴而得名。庭院中有两块伫立的峰石，就像两位伛偻的老人正在凝神听琴。琴馆的西侧叫“石听琴室”，园主常在这里举行琴会。

怡园石听琴室旁石峰

1919 年仲秋，怡园园主为了弘扬琴文化，与当时的琴家叶璋伯、吴浸阳、吴兰荪等人，邀请了上海、扬州、重庆、湖南等地的琴师 30 余人，相聚在怡园，举行琴会。会后，李子昭作《怡园琴会图》长卷，吴昌硕作《怡园琴会记》长题来表现当时的盛况。顾麟士在《怡园琴会图》上题诗纪念，有“月明夜静当无事，来听玉涧流泉琴”之句，一时传为佳话。整个活动在中国近代琴学史上谱写了新的篇章。自此，“怡园琴会”便成为琴友相聚的固定活动。1935 年，琴家们在怡园雅集，为大兴琴学、弘扬交流，他们倡议成立“今虞琴社”。然而之后，由于战争和社会动荡，“怡园琴会”渐渐消声哑音了。1992 年，享誉国内外古琴界的著名古琴家、吴门琴派的代表人物吴兆基，著名古琴家徐中伟、叶名佩及吴门琴社琴友十余人欣然应邀，再续了“怡园琴会”，绝响多年的古琴声又在怡园回响，并一直延绵至今。

结语

园林大师陈从周曾经用宋词比喻苏州的诸座园林：网师园如晏小山词，清新不落套；留园如吴梦窗词，七层楼台，拆下不成片段；拙政园中部，空灵处如闲云野鹤去来无踪，则姜白石之流了；沧浪亭有若宋诗；怡园仿佛清词，皆能从其境界中揣摩得之。

尽管明代文人的“净几明窗，一轴画，一囊琴，一只鹤，一瓯茶，一炉香，一部法帖”的日子已经离我们远去了，但只要我们走进园林，“小园幽径，几丛花，几群鸟，几区亭，几拳石，几池水，几片闲云”，就会使我们暂时忘却喧嚣的尘世，体味到古人的闲雅逸乐。

参考文献

［1］刘敦桢. 苏州古典园林［M］. 北京：中国建筑工业出版社，2005.

［2］卜复鸣. 园林散谈［M］. 北京：中国建筑工业出版社，2016.

［3］卜复鸣. 走进园林［M］. 苏州：苏州大学出版社，2013.

［4］陈从周. 苏州园林：纪念版［M］. 上海：同济大学出版社，2018.

［5］苏州园林发展股份有限公司，苏州香山古建园林工程有限公司. 苏州园林营造技艺［M］. 北京：中国建筑工业出版社，2012.

［6］曹林娣. 静读园林［M］.2 版. 北京：北京大学出版社，2005.

［7］方海. 太湖石与正面体：园林中的艺术与科学［M］. 北京：中国电力出版社，2018.

［8］金学智. 苏州园林［M］. 苏州：苏州大学出版社，1999.

［9］阮仪三. 江南古典私家园林［M］. 南京：译林出版社，2012.

［10］陈从周. 说园［M］. 上海：同济大学出版社，2007.

［11］曹林娣. 苏州园林匾额楹联鉴赏［M］. 北京：华夏出版社，2011.